Frieder Märkle

Laserbasierte Verfahren zur Herstellung hochdichter Peptidarrays

Laserbasierte Verfahren zur Herstellung
hochdichter Peptidarrays

Schriften des Instituts für Mikrostrukturtechnik
am Karlsruher Institut für Technologie (KIT)
Band 24

Hrsg. Institut für Mikrostrukturtechnik

Eine Übersicht über alle bisher in dieser Schriftenreihe
erschienenen Bände finden Sie am Ende des Buchs.

Laserbasierte Verfahren zur Herstellung hochdichter Peptidarrays

von
Frieder Märkle

Dissertation, Karlsruher Institut für Technologie (KIT)
Fakultät für Maschinenbau

Tag der mündlichen Prüfung: 09. Mai 2014
Hauptreferent: Prof. Dr. Volker Saile
Korreferent: PD Dr. Alexander Nesterov-Müller,
(apl.) Prof. Dr. Reiner Dahint

Impressum

Scientific
Publishing

Karlsruher Institut für Technologie (KIT)
KIT Scientific Publishing
Straße am Forum 2
D-76131 Karlsruhe

KIT Scientific Publishing is a registered trademark of Karlsruhe
Institute of Technology. Reprint using the book cover is not allowed.

www.ksp.kit.edu

Print on Demand 2014

ISSN 1869-5183
ISBN 978-3-7315-0222-7
DOI   10.5445/KSP/1000041118

Laserbasierte Verfahren zur Herstellung hochdichter Peptidarrays

Zur Erlangung des akademischen Grades
Doktor der Ingenieurwissenschaften
der Fakultät für Maschinenbau,
Karlsruher Institut für Technologie (KIT)

genehmigte
Dissertation
von

Dipl.-Phys. Frieder Märkle

Tag der mündlichen Prüfung: 09.05.2014

Hauptreferent: Prof. Dr. Volker Saile
Erster Korreferenten: PD Dr. Alexander Nesterov-Müller
Zweiter Korreferent: apl. Prof. Dr. Reiner Dahint

Kurzfassung

Hochdurchsatzscreenings spielen eine wichtige Rolle, z. B. in der Pharmaindustrie bei der Suche nach neuen Therapeutika. Peptidarrays werden für ebensolche Hochdurchsatzscreenings eingesetzt. In dieser Arbeit wurden verschiedene laserbasierte Verfahren zur Herstellung von Peptidarrays entwickelt. Diese kombinieren die Vorteile bisher bekannter Verfahren. So werden Spotdichten erreicht, wie sie nur von lithographischen Verfahren bekannt sind, während gleichzeitig die Anzahl der chemischen Kupplungsschritte minimiert wird, so wie es bei anderen partikelbasierten Verfahren der Fall ist. Beim sogenannten Combinatorial Laser Fusing erhitzt ein Laserstrahl spezielle Aminosäurepartikel, um diese anzuschmelzen und auf einem Substrat zu fixieren. Durch die Verwendung unterschiedlicher Partikelsorten entsteht ein kombinatorisches Muster aus Aminosäuren. Schritt für Schritt wird so ein Peptidarray synthetisiert. Beim Combinatorial Laser Transfer erzeugt ein gepulster Laser eine Stoßwelle, um Partikel gezielt von einem Substrat zu entfernen oder um sie auf ein anderes Substrat zu übertragen und so ein kombinatorisches Muster aus Aminosäuren zu erzeugen. Für beide Verfahren wurde jeweils ein Lasersystem geplant, aufgebaut und getestet. Mit Combinatorial Laser Fusing wurden unterschiedliche Peptidarrays mit Spotdichten bis 40.000 cm^{-2} hergestellt und die Peptide mit spezifischen Antikörpern detektiert. Außerdem konnte gezeigt werden, dass weit höhere Spotdichten erreicht werden können, indem Muster aus verschiedenen Monomeren mit einer Spotdichte von 510.000 cm^{-2} auf mikrostrukturierten Substraten erzeugt wurden. Mit dem Combinatorial Laser Transfer wurden Monomerpartikel zwischen zwei mikrostrukturierten Substraten übertragen und die chemische Kupplung der Monomere wurde über Fluoreszenz nachgewiesen. Die erreichte Spotdichte betrug 1.000.000 cm^{-2}. In einem weiteren Verfahren wurden Blockadepartikel gezielt von einem Substrat entfernt, um Syntheseorte freizugeben. Auch hier wurde eine Spotdichte von 1.000.000 cm^{-2} erreicht. Darüber hinaus hat der erfolgreiche Einsatz von Biotinpartikeln gezeigt, dass mit den beschriebenen laserbasierten Verfahren nicht nur Peptidarrays, sondern auch andere molekulare Arrays hergestellt werden können.

Abstract

High-throughput screenings play an important part, e. g. in the pharmaceutical industry for the development of new therapeutics. Peptide arrays are deployed for such high-throughput screenings. In this thesis, different laser based methods to produce peptide arrays were developed. They combine the advantages of known methods. Spot densities which were so far only known from lithographic methods are achieved and at the same time, the number of chemical coupling steps is minimized like in other particle based methods. The so-called Combinatorial Laser Fusing uses laser radiation to heat special amino acid particles and to fuse them on a substrate. By using different particle types, a combinatorial pattern of amino acids is created. Step by step a peptide array gets synthesized. The so-called Combinatorial Laser Transfer uses a pulsed laser to create a shock wave. This way, specific particles are removed from a substrate or transferred to another substrate to create a combinatorial pattern of amino acids. For both methods a laser system was planned, assembled and tested. Combinatorial Laser Fusing was used to produce different peptide arrays with spot densities up to $40{,}000\,\mathrm{cm}^{-2}$. The peptides were detected with specific antibodies. Furthermore, it was shown that much higher spot densities can be achieved by creating patterns of different monomers on a micro structured substrate with a spot density of $510{,}000\,\mathrm{cm}^{-2}$. Combinatorial Laser Transfer was used to transfer monomer particles between two micro structured substrates. Fluorescence stainings proved the coupling of the monomers. Hence, peptide arrays with a spot density of up to $1\,\mathrm{million}\,\mathrm{cm}^{-2}$ could be produced using this method. In another method, blockade particles were selectively removed from a substrate to unblock specific synthesis locations. Using this method a spot density of $1\,\mathrm{million}\,\mathrm{cm}^{-2}$ was achieved. In addition, the successful application of particles containing biotin showed that the laser based methods described above can not only be used to produce peptide arrays, but also other molecule arrays.

Inhaltsverzeichnis

Abkürzungsverzeichnis

AEG$_3$	Amino(ethylenglycol)$_3$
Ala	Alanin
AOM	Akustooptischer Modulator
Asp	Asparaginsäure
CAD	rechnerunterstütztes Konstruieren (engl. „computer-aided design")
CMOS	komplementärer Metall-Oxid-Halbleiter (engl. „complementary metal oxide semiconductor")
Cys	Cystein
DCM	Dichlormethan
DIPEA	Diisopropylethylamin
DKFZ	Deutsches Krebsforschungszentrum
DMF	N,N-Dimethylformamid
EN	Europäische Norm
ESA	Essigsäureanhydrid
EU	Europäische Union
Fmoc	Fluorenylmethoxycarbonyl
Gly	Glycin
His	Histidin

HPLC	Hochleistungsflüssigkeitschromatographie (engl. „high performance liquid chromatography")
IMT	Institut für Mikrostrukturtechnik
KIT	Karlsruher Institut für Technologie
Lys	Lysin
MMA	Methylmethacrylat
NHS	N-Hydroxysuccinimid
OPfp	Pentafluorophenyl
PBS	phosphatgepufferte Salzlösung (engl. „phosphate buffered saline")
PBS-T	phosphatgepufferte Salzlösung (PBS) mit Polysorbat 20 (Handelsname: Tween 20)
PCI	Peripheral Component Interconnect
PEGMA	Poly(ethylenglycol)methacrylat
Pro	Prolin
REM	Rasterelektronenmikroskop
SAM	Selbstorganisierende Monolage (engl. „self assembled monolayer")
TFA	Trifluoressigsäure
TiBS	Triisobutylsilan
Tyr	Tyrosin
USB	Universal Serial Bus
Val	Valin

1 Einleitung

Weltweit arbeiten Forscher aus unterschiedlichen Disziplinen daran, um auf Basis organischer Moleküle Stoffe für eine bestimmte Anwendung zu finden. Bestes Beispiel dafür ist die Pharmaforschung mit der Suche nach neuen Wirkstoffen im Kampf gegen Krankheiten. Aber auch in anderen Bereichen wird geforscht, zum Beispiel nach neuen organischen Materialen für Solarzellen oder Biokatalysatoren. Bei der Suche nach geeigneten Substanzen können spezielle molekulare Arrays, wie zum Beispiel Peptidarrays, zukünftig eine wichtige Rolle spielen.

1.1 Molekulare Arrays und Peptidarrays

Unter einem molekularen Array versteht man einen Träger, auf dem viele unterschiedliche Moleküle in sogenannten Spots räumlich angeordnet sind. Diese Moleküle sind aus einer begrenzten Anzahl von Bausteinen, den Monomeren, zusammengesetzt (Abbildung 1.1). Wenn viele unterschiedliche Moleküle als mikrometergroße Spots im Arrayformat auf kleiner Fläche vorliegen, spricht man von hochdichten Arrays. Diese finden grundsätzlich in sogenannten Hochdurchsatzscreenings (englisch: high-throughput screenings) Anwendung. Dabei werden alle Moleküle auf dem Array parallel und mit einer geringen Probenmenge untersucht. Die Alternative wäre, jedes Molekül einzeln zu synthetisieren und zu testen. Bei mehreren tausend oder Millionen Molekülen ist das ein zeitaufwendiger und kostenintensiver Ansatz, der praktisch nicht durchführbar ist. Molekulare Arrays sind im Prinzip nichts anderes als Suchmaschinen, mit deren Hilfe ein Molekül mit bestimmten Eigenschaften ausfindig gemacht werden kann: Molekulare Suchmaschinen.

Abbildung 1.1 Einfaches Modell für ein molekulares Array: Unterschiedliche Bausteine symbolisieren unterschiedliche Monomere. Je nachdem in welcher Reihenfolge diese Bausteine kombiniert werden, ergeben sich unterschiedliche Moleküle.

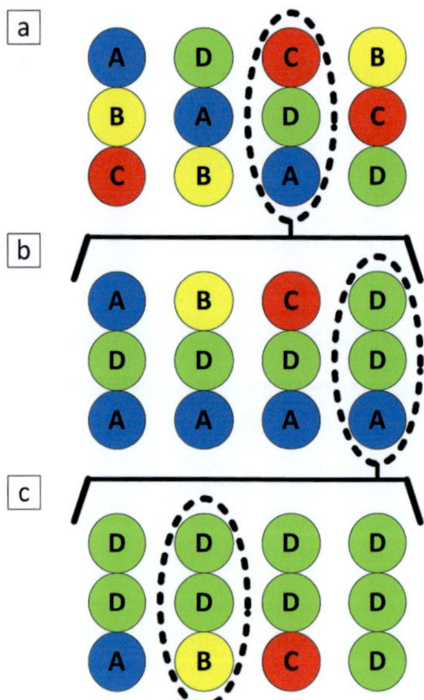

Abbildung 1.2 Evolutionärer Prozess. a) Start: Aus zufälligen Sequenzen eines molekularen Arrays wird im Hochdurchsatzscreening die beste Sequenz ausgewählt. b) Iteration 1: Varianten der ausgewählten Sequenz werden hergestellt und es wird erneut die beste Sequenz ausgewählt, c) Iteration 2.

Jedoch selbst mit hochdichten molekularen Arrays, die Spotdichten in der Größenordnung von Millionen pro cm² aufweisen, wird es oftmals nicht möglich sein alle Molekülsequenzen zu testen. Je nach Anzahl der Bausteine und Länge der Sequenz bewegt sich die Anzahl der möglichen Sequenzen schnell in Größenordnungen von 10^{10} bis 10^{50}. Die Idee der molekularen Suchmaschinen geht deshalb darüber hinaus und versteht sich als evolutionärer Prozess, der in mehreren Iterationen abläuft (Abbildung 1.2). Als Startpunkt wird ein Array mit zufälligen Sequenzen hergestellt. Anschließend wird im Hochdurchsatzscreening die Sequenz mit dem besten Verhalten identifiziert und ausgewählt. Darauf basierend wird ein zweites Array mit Variationen der ursprünglichen Sequenz synthetisiert, in dem z. B. einzelne Monomere durch andere Monomere ausgetauscht werden. Wieder wird die beste Variation identifiziert, ausgewählt und modifiziert. Nach wenigen Iterationen kann so in einer riesigen Menge von möglichen Molekülen, das Molekül, das den Anforderungen am besten entspricht, gefunden werden und anschließend in größerem Maßstab hergestellt werden.

Ein Beispiel für molekulare Arrays stellen Peptidarrays dar. Als Bausteine bzw. Monomere werden in diesem Fall Aminosäuren verwendet, die je nach Sequenz unterschiedliche Proteinfragmente oder Peptide bilden. Allein aus den 20 proteinogenen Aminosäuren ergibt sich, bei einer Peptidlänge von nur 10 Aminosäuren, die Anzahl von 10 Billionen möglicher Peptide ($20^{10} = 1{,}024 \cdot 10^{13}$).

1.2   Anwendungen

Die potentiellen Anwendungsgebiete von Peptidarrays sind sehr vielfältig und umfassen sowohl die Lebenswissenschaften als auch die Materialwissenschaften.

Ein klassisches Anwendungsgebiet liegt im Bereich der Immunologie in der Erforschung der Wechselwirkung zwischen Antikörpern und Peptiden [1-3]: Ein Peptidarray wird mit einem Serum inkubiert, daraufhin binden Antikörper aus dem Serum an entsprechende Peptide auf dem Array. Anschließend werden die Bindungsereignisse detektiert und die entsprechenden Aminosäuresequenzen analysiert. Die so gewonnenen Informationen können benutzt werden, um zu klären, welche Rolle Antikörper bei der Reaktion auf bestimmte Krankheitserreger, wie zum Beispiel Malaria, spielen. Außerdem können mit diesem Wissen neue antikörperbasierte Therapeutika entwickelt werden.

Die Detektion der Bindungsereignisse geschieht üblicherweise über einen Fluoreszenzmarker. Es existieren jedoch auch markierungsfreie Methoden, die es sich beispielsweise die Änderung der optischen Eigenschaften der Oberfläche zunutze machen [4].

Weitere Anwendungsbeispiele geben die EU-Projekte Targetbinder[1] und Pepdiode[2], in denen insgesamt 14 Forschungseinrichtungen und Firmen aus sieben verschiedenen Ländern miteinander kooperieren. Koordiniert werden beide Projekte vom Institut für Mikrostrukturtechnik (IMT) am KIT.

Im EU-Projekt Targetbinder werden Peptidarrays eingesetzt, um Binder für ganz bestimmte Proteine zu finden. Die Proteine sind in diesem Fall relevant für die Signalübertragungen in Krebszellen. Peptide, die an diese Proteine binden, könnten die Signalübertragung stören und stellen somit die Basis für ein potentielles Krebsmedikament dar.

---

[1] www.targetbinder.eu (Förderprogramm der Europäischen Kommission, FP7-Health, Reference 278403)

[2] www.pepdiode.eu (Förderprogramm der Europäischen Kommission, FP7-Health, Reference 256672)

Das Fernziel im EU-Projekt Pepdiode ist die Herstellung von peptidbasierten Solarzellen. Im ersten Schritt sollen Peptidsequenzen gefunden werden, die eine Diodenfunktion aufweisen. Hierzu wird eine Plattform entwickelt, die es erlaubt, die Strom-Spannungs-Kennlinie für jeden Spot eines Peptidarrays auszulesen. Die Peptide werden hierzu auf einen speziellen Mikrochip aufgebracht. In diesem Fall werden ausdrücklich nicht nur Aminosäuren verwendet, sondern es sollen auch spezielle andere Moleküle in die Peptidsequenzen eingebaut werden.

1.3 Zielsetzung

Alle genannten Anwendungen aus den verschiedensten Forschungsbereichen benötigen Peptidarrays. Je höher die Spotdichte eines Peptidarrays ist, desto mehr Peptide können parallel untersucht werden und desto schneller können geeignete Peptidsequenzen identifiziert werden. Eine höhere Spotdichte bedeutet kleinere Spots und damit in der Regel auch eine kleinere Menge an Aminosäuren und anderer Chemikalien, die pro Spot aufgewendet werden müssen. Die Kosten pro Peptidsequenz sind somit in der Herstellung ebenso wie beim Hochdurchsatzscreening geringer. Es besteht also ein großer Bedarf, Verfahren zu entwickeln, die Peptidarrays mit einer hohen Spotdichte kostengünstig produzieren können. Das Ziel dieser Dissertation ist es, ein solches Verfahren zu entwickeln.

Die bestehenden Verfahren zur Herstellung von Peptidarrays basieren entweder auf Lithografie oder auf der xerografischen Ablagerung elektrisch geladener Mikropartikel. In dieser Arbeit werden verschiedene laserbasierte Ansätze entwickelt, um Partikel zu strukturieren. Diese sollen die Vorteile der lithografischen Verfahren mit den Vorteilen der xerographischen Verfahren kombinieren: Durch die Verwendung von Lasern soll eine ähnlich hohe Spotdichte erreicht werden wie bei der Lithographie und durch die Verwendung von speziellen Mikropartikeln soll die Anzahl der chemischen Kupplungsschritte und damit die Anzahl der Syntheseartefakte auf ein Minimum reduziert werden.

Die entwickelten Verfahren lassen sich in zwei Bereiche einteilen: Combinatorial Laser Fusing (deutsch: kombinatorisches Laseranschmelzen) und Combinatorial Laser Transfer (deutsch: kombinatorischer Lasertransfer). Im Rahmen dieser Arbeit wurden zwei Lasersystem geplant und aufgebaut, jeweils eines für den Bereich Combinatorial Laser Fusing und eines für den Bereich Combinatorial Laser Transfer. Beide Lasersysteme wurden getestet und für chemische Synthesen eingesetzt, sowie die Verfahren zum Patent angemeldet [5]. Teile der Arbeit wurden in der Zeitschrift Advanced Materials veröffentlicht [6]. Im Folgenden werden die Funktionsprinzipien dieser laserbasierten Verfahren zur Herstellung von Peptidarrays beschrieben.

1.4 Combinatorial Laser Fusing

Beim Combinatorial Laser Fusing macht man sich den Eintrag von thermischer Energie durch die Absorption von Laserstrahlung zunutze [6, 7]. Abbildung 1.3 zeigt das Prinzip. Zuerst wird der Syntheseträger mit einer homogenen Schicht aus Aminosäurepartikeln (siehe Abschnitt 3.1) belegt. Dies geschieht mit einer Beschichtungsanlage (siehe Abschnitt 3.3). Anschließend werden definierte Orte des Trägers mit einem Laserpuls von wenigen Millisekunden bestrahlt. In dieser Zeit wird die Polymermatrix der Partikel erhitzt und verflüssigt. Es bildet sich ein Tropfen aus, der nach dem Abkühlen auf dem Syntheseträger haftet. Partikel, die nicht angeschmolzen wurden, liegen lose auf dem Syntheseträger und können mit Druckluft oder in einem Ultraschallbad entfernt werden. Anschließend wird der Synthese-

träger mit anderen Aminosäurepartikeln beschichtet und die Prozessschritte wiederholt, bis jeder Spot des Syntheseträgers mit der gewünschten Aminosäuresorte belegt ist. An diesem Punkt beginnen die
chemischen Schritte der Peptidsynthese, die in Abschnitt 2.1 beschrieben werden.

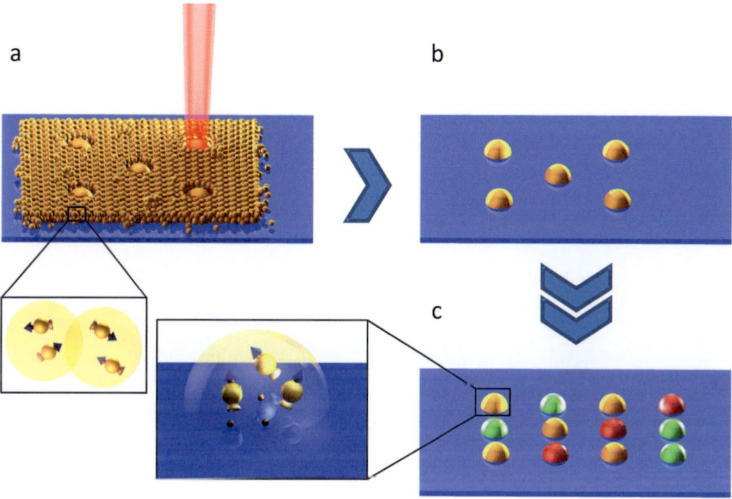

Abbildung 1.3 Prinzip des Combinatorial Laser Fusing: a) Ein Substrat mit einer
Schicht aus Aminosäurepartikeln wird lokal mit einem Laser bestrahlt, die
Partikel werden erhitzt und angeschmolzen. b) Nicht bestrahlte Partikel
werden entfernt. c) Wiederholen des Prozesses mit unterschiedlichen Partikelsorten führt zu einem kombinatorischen Muster aus Aminosäuren. [6]

1.5 Combinatorial Laser Transfer

Beim Combinatorial Laser Transfer werden kurze Laserpulse von einigen Nanosekunden verwendet, um Aminosäurepartikel von einem Ausgangsträger auf einen Syntheseträger zu übertragen. Dieser Vorgang wird, wie in Abbildung 1.4 gezeigt, mit verschiedenen Ausgangsträgern wiederholt, so dass auf dem Syntheseträger das gewünschte kombinatorische Muster aus Aminosäuren entsteht. Anschließend können die chemischen Schritte der Peptidsynthese beginnen. Für den Übertrag von Partikeln hat es hat sich als vorteilhaft erwiesen, mikrostrukturierte Träger zu verwenden, so dass jeder Spot durch eine zylinderförmige Vertiefung vordefiniert ist.

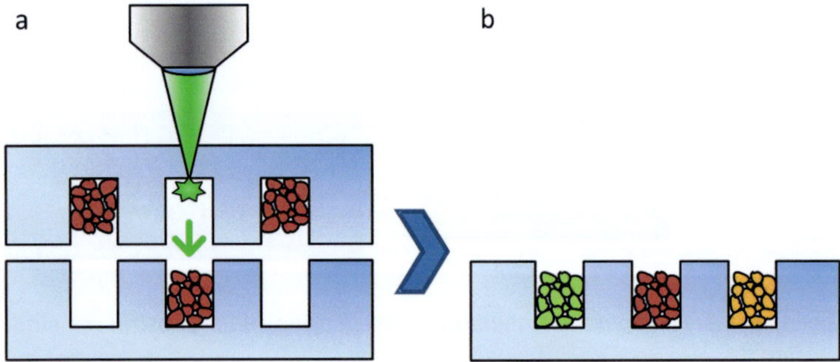

Abbildung 1.4 Prinzip des Combinatorial Laser Transfers: a) Mit Nanosekunden-Laserpulsen werden Aminosäurepartikel von einem Ausgangsträger (oben) auf einen Syntheseträger (unten) übertragen. b) Der Prozess wird mit unterschiedlichen Ausgangsträgern wiederholt, so dass auf dem Syntheseträger ein kombinatorisches Muster aus Aminosäurepartikeln entsteht.

2 Grundlagen

Für das Verständnis der nachfolgenden Kapitel werden zuerst einige Grundlagen beschrieben. Diese umfassen das Funktionsprinzip der Peptidsynthese und Herstellungsverfahren von Peptidarrays, sowie verschiedene Lasertechniken, theoretische Grundlagen aus der Optik und Prozesse, die sich bei der Wechselwirkung von Laserstrahlung mit Materie abspielen.

2.1 Partikelbasierte Peptidsynthese

Die Grundlage zur Herstellung von Peptidarrays bildet die Merrifield-Synthese [8], die von Robert Bruce Merrifield entwickelt wurde und für die er 1984 mit dem Nobelpreis für Chemie ausgezeichnet wurde. Bei der Peptidsynthese wird eine Sequenz aus Aminosäuren hergestellt, indem an den N-Terminus einer Aminosäure die nächste Aminosäure mit ihrem C-Terminus gekuppelt wird. Aminosäure für Aminosäure kann so die gewünschte Sequenz synthetisiert werden. Für die Synthese von Peptiden werden normalerweise die 20 proteinogenen Aminosäuren verwendet, es können prinzipiell jedoch auch andere Bausteine (wie z. B. Biotin) verwendet werden.

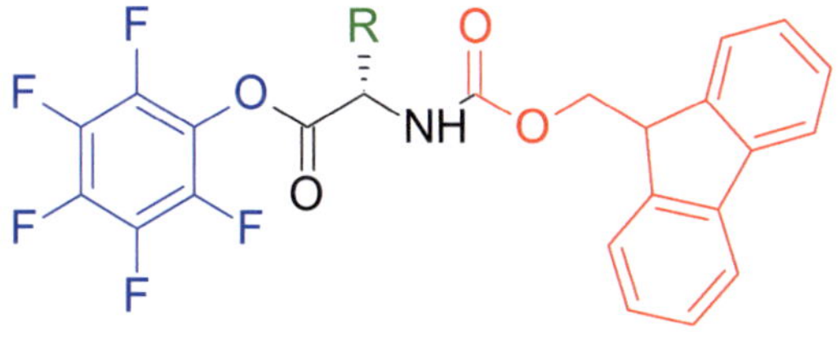

Abbildung 2.1 Aminosäuremolekül mit Fmoc-Schutzgruppe (blau) am N-Terminus und OPfp-Ester (rot) am C-Terminus. Die Seitenkette R (grün) variiert je nach Aminosäure.

Abbildung 2.1 zeigt die Struktur einer Aminosäure, wie sie in dieser Arbeit verwendet wurde. Die Aminosäuren sind C-terminal als Pentafluorophenyl (OPfp) Ester aktiviert und N-terminal mit einer Fluorenylmethoxycarbonyl (Fmoc) Schutzgruppe versehen.

Für die Peptidarrays werden funktionalisierte Substrate aus Glas verwendet (siehe Abschnitt 3.2). Das Glas ist entsprechend modifiziert, so dass es Aminogruppen aufweist, an die die Aminosäuren mit ihrem C-Terminus kuppeln können.

Die Aminosäuren liegen in Form von Aminosäurepartikeln vor. Diese bestehen zum größten Teil aus einer Polymermatrix, in die aktivierte Aminosäurederivate eingebettet sind. Die Mikropartikel dienen als Vehikel, um die Aminosäuren zu transportieren und auf dem Syntheseträger zu platzieren. Durch die Einbettung in die Polymermatrix sind die Aminosäuren außerdem konserviert und können monatelang gelagert werden. Die Herstellung der Partikel wird in Abschnitt 3.1 beschrieben.

Die partikelbasierte Peptidsynthese ist in Abbildung 2.2 schematisch dargestellt. Aminosäurepartikel werden auf einem Syntheseträger platziert, zum Beispiel mit Hilfe eines Lasers. In einem Ofen wird der Syntheseträger anschließend unter Schutzgas für 60 bis 90 Minuten bis über die Glastemperatur der Partikel auf ca. 90 °C erhitzt. Die feste Polymermatrix der Partikel verwandelt sich in eine hochviskose Masse und die Aminosäuren können zum Syntheseträger diffundieren und dort chemisch binden. Anschließend werden die Polymermatrix sowie überschüssige Aminosäuren mit dem organischen Lösungsmittel N,N-Dimethylformamid (DMF) entfernt. Da auf dem Träger auch nach der Reaktion eine geringe Anzahl von freien Aminogruppen zurückbleibt, werden diese mit einer Lösung aus Essigsäureanhydrid (ESA) und Diisopropylethylamin (DIPEA) in DMF blockiert. Jede Aminosäure ist mit einer Fmoc-Schutzgruppe am N-Terminus versehen. Diese verhindert, dass die Aminosäuren einer Sorte untereinander reagieren. Um das Peptidarray für die nächste Lage Aminosäuren vorzubereiten, wird die Fmoc-Schutzgruppe mit einer Lösung aus Piperidin und DMF entfernt. Anschließend können erneut Aminosäurepartikel auf dem Träger platziert werden. Mehrmaliges Durchlaufen der Prozessschritte resultiert schließlich in dem gewünschten Peptidarray. Zwischen den einzelnen chemischen Schritten wird der Syntheseträger üblicherweise mehrfach in DMF und Methanol gewaschen, um eventuelle Chemikalienrückstände zu entfernen.

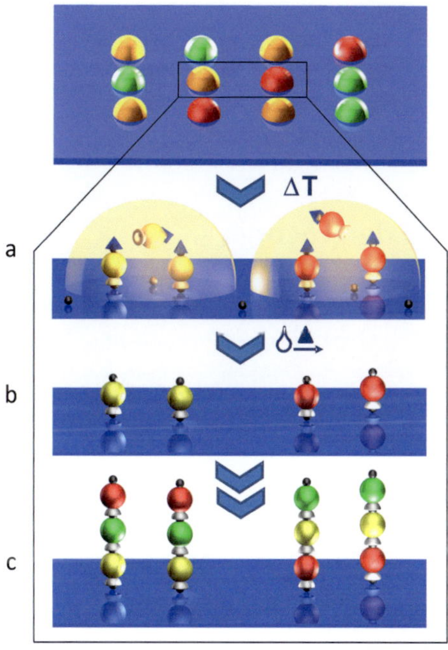

Abbildung 2.2 Partikelbasierte Peptidsynthese: Ausgangspunkt ist ein Syntheseträger auf dem unterschiedliche Aminosäurepartikel in einem kombinatorischen Muster platziert wurden. a) Der Träger wird erhitzt, so dass die Aminosäuren zur Trägeroberfläche diffundieren können und dort chemisch binden. b) In verschiedenen Waschschritten werden die Polymermatrix und überschüssige Aminosäuren entfernt. Freie Aminogruppen werden blockiert und die N-terminale Schutzgruppe an den Aminosäuren wird entfernt. c) Durch mehrmaliges Wiederholen des Prozesses entsteht ein Peptidarray. [6]

Neben der Schutzgruppe am N-Terminus verfügen manche Aminosäuren zusätzlich über Seitenschutzgruppen. Diese sind notwendig, um während der Peptidsynthese unerwünschte chemische Reaktionen mit den Seitenketten zu vermeiden. Am Ende der Peptidsynthese werden diese Seitenschutzgruppen mit Trifluoressigsäure (TFA) entfernt.

Das Peptidarray kann nun in einem Hochdurchsatzscreening verwendet werden. Dies beinhaltet typischerweise den Nachweis einer Bindung über fluoreszenzmarkierte Proteine. Es existieren jedoch auch sogenannte markierungsfreie Verfahren, bei denen auf die Verwendung eines Fluoreszenzfarbstoffes verzichtet werden kann [4, 9].

2.2 Stand der Technik

In diesem Abschnitt wird der Stand der Technik zur Herstellung von Peptidarrays und zur Partikelstrukturierung mit Hilfe von Laserstrahlung zusammengefasst. Eine detaillierte Beschreibung der jeweiligen Techniken kann unter den angegeben Literaturstellen gefunden werden.

2.2.1 SPOT-Technik

Bei der sogenannten SPOT-Technik [10, 11] werden Aminosäuren in flüssiger Lösung auf eine Membran pipettiert. Typischerweise wird diese Arbeit von einem Roboter übernommen. Mit dieser Methode wurde eine Spotdichte von 25 Spots/cm² erreicht [10]. Der Erhöhung der Spotdichte stehen prinzipielle Probleme entgegen. Durch die Verwendung einer flüssigen Lösung zerfließen die Tröpfchen beim Auftragen auf den Träger. Beim Unterschreiten einer gewissen Tröpfchengröße treten außerdem Probleme auf, da die verwendeten

Lösungsmittel sehr schnell verdampfen. Zudem ist die Geschwindigkeit dieser Methode durch die mechanische Bewegung des Roboters limitiert.

2.2.2   Lithografische Techniken

Lithografische Techniken [12-14] arbeiten mit photolabilen Schutzgruppen. Das Substrat wird mit Hilfe einer Maske oder eines Spiegelarrays mit Licht bestrahlt. Dadurch werden die photolabilen Schutzgruppen in den bestrahlten Regionen abgespalten. Anschließend wird das Substrat mit einer Lösung der entsprechenden Aminosäure in Kontakt gebracht. Nach der Kupplungsreaktion werden Aminosäuren, die nicht reagiert haben, weggewaschen. Durch die Verwendung der Lithografie können hochdichte Peptidarrays mit Spotdichten von bis zu 1 Mio. cm^{-2} erreicht werden [12]. Es ist jedoch eine große Anzahl von chemischen Schritten notwendig, da für jede Aminosäure eine separate Kupplungsreaktion durchgeführt werden muss. Für die Synthese eines vollkombinatorischen Peptidarrays mit 15-meren (Sequenzen aus 15 Aminosäuren) sind somit $20 \cdot 15 = 300$ Kupplungsschritte notwendig, während beim gleichen Array mit einer partikelbasierten Methode (z. B. Xerografie) nur 15 Kupplungsschritte durchgeführt werden müssen. Durch die hohe Anzahl an chemischen Schritten erhöhen sich die Anzahl der Syntheseartefakte und die Prozesszeit.

2.2.3   Xerografie

Die PEPperPRINT GmbH, Heidelberg[3] benutzt einen speziellen xerografischen Drucker zur Synthese von Peptidarrays [15]. Anstatt farbiger Tonerpartikel werden Aminosäurepartikel verwendet und anstelle der üblichen vier Druckwerke für drei Grundfarben und schwarz, ist

---

[3] www.pepperprint.com

dieser Drucker mit insgesamt 24 Druckwerken für 20 Aminosäuren und 4 zusätzliche Monomerbausteine ausgestattet. Gedruckt wird auf Glasplatten von 200 mm × 200 mm Größe. Die Spotdichte liegt bei 800 pro cm². Limitiert wird die Spotdichte durch die mechanische Genauigkeit der Druckwerke.

2.2.4 CMOS-Chip

Ein weiteres partikelbasiertes Verfahren zu Herstellung von Peptidarrays basiert auf speziellen Hochspannungs-CMOS-Chips [16-19]. Durch das Anlegen eines elektrischen Potenzials (100 V) an einzelne Pixel des Chips wird ein elektrisches Feld erzeugt. Ein Aerosol aus Aminosäurepartikeln wird über die Chipoberfläche geleitet. Da die Aminosäurepartikel elektrisch geladen sind, lagern sie sich selektiv auf den eingeschalteten Pixeln ab. Eine vollkombinatorische Peptidsynthese wurde bisher für eine Spotdichte von 10.000 pro cm² gezeigt [20], dies entspricht einer Pixelgröße von 100 µm × 100 µm. Höhere Spotdichten sind nur mit erheblichem technischen Aufwand möglich, da die Pixelgröße unter anderem durch die Größe der Hochspannungstransistoren auf dem Chip begrenzt ist. Weiterhin ergeben sich Probleme, da die Oberfläche der Chips mit der Peptidchemie kompatibel sein muss und die Bonddrähte der Synthese widerstehen müssen. Die Gesamtgröße der Peptidarrays ist außerdem durch die relativ kleine nutzbare Grundfläche (12,8 mm × 12,8 mm) der CMOS-Chips begrenzt.

2.2.5 Lasertechniken

Es existiert eine Vielzahl an Techniken, die Laser zur Bearbeitung, insbesondere von Metallen und Polymeren, einsetzen. Beispiele dafür sind Laserschneiden, Laserschweißen, Laserbohren, Laserlithographie und Laserdeposition (engl. „pulsed laser deposition", PLD) [21]. Die Vorteile der Laserbearbeitung gegenüber mechanischen Verfahren liegen darin, dass berührungslos und mit einer hohen Genauigkeit gearbeitet werden kann, da sich Laserstrahlen sehr gut fokussieren lassen.

Auch zum Strukturieren von Materialien sind verschiedene Lasertechniken bekannt. So werden Laser beispielsweise beim Rapid Prototyping eingesetzt, um Partikel schichtweise miteinander zu verschmelzen (Selektives Laserschmelzen, SLM) [22] oder zu versintern (Selektives Lasersintern, SLS) und so Bauteile mit fast beliebigen Geometrien bis in Mikrometerdimensionen [23] zu erzeugen.

Für das Strukturieren von Materialen, indem diese von einer Oberfläche auf eine andere transferiert werden, sind ebenfalls Verfahren entwickelt worden, wie zum Beispiel Laser Induced Forward Transfer (LIFT) [24, 25] oder Matrix Assisted Pulsed Laser Evaporation Direct Writing (MAPLE DW) [25, 26]. Bei beiden Verfahren wird ein Ausgangsträger verwendet, von dem Materialien mit Hilfe von Laserstrahlung auf einen Zielträger übertragen werden.

Es wurde bereits gezeigt, dass der Transfer von sehr empfindlichen Materialen wie lebenden Zellen möglich ist [27] und auch, dass verschiedene Materialien auf einem Träger kombiniert werden können, zum Beispiel zur Herstellung von LEDs [28]. Auch die Herstellung von Mikroarrays aus DNA [29] oder Peptiden [30] wurde bereits gezeigt. Dabei wurden jeweils die fertig synthetisierten Moleküle als Tropfen einer Lösung übertragen. Die Anzahl der unterschiedlichen Moleküle pro Array ist dadurch beschränkt, da jedes Molekül vorab synthetisiert werden muss.

Um verschiedene Substanzen, insbesondere in Form von Partikeln, auf einem Träger kombinatorisch zu strukturieren, mit dem Ziel Mikroarrays zu synthetisieren, sind bisher keine laserbasierten Verfahren bekannt.

2.3 Optik von Gaußstrahlen

Die elektromagnetischen Wellen der Laser, die für die Arbeiten in dieser Dissertation eingesetzt wurden, lassen sich mathematisch mit dem Konzept der Gaußstrahlen beschreiben [31].

Die komplexe Amplitude $U(\vec{r})$ einer Welle in Abhängigkeit des Ortes $\vec{r} = (x, y, z)$ mit Ausbreitungsrichtung z und der Wellenzahl k ist allgemein gegeben durch:

$$U(\vec{r}) = A(\vec{r})exp(-ikz)$$

Formel 2.1

Im Falle eines Gaußstrahls ist die komplexe Einhüllende $A(\vec{r})$ gegeben durch:

$$A(\vec{r}) = \frac{A_1}{z + iz_0} exp\left[-ik\frac{x^2 + y^2}{2(z + iz_0)}\right]$$

Formel 2.2

Die Rayleighlänge z_0 ist dabei der Abstand vom Ort der Strahltaille (minimaler Strahlradius) bei der sich die Querschnittsfläche des Laserstrahls verdoppelt hat.

Daraus lässt sich die Entwicklung des Strahlradius $W(z)$ entlang der Ausbreitungsrichtung z und die Strahltaille W_0 eines Gaußstrahls mit Wellenlänge λ herleiten:

$$W(z) = W_0\sqrt{1 + \left(\frac{z}{z_0}\right)^2}$$

Formel 2.3

$$W_0 = \sqrt{\frac{\lambda \cdot z_0}{\pi}}$$

Formel 2.4

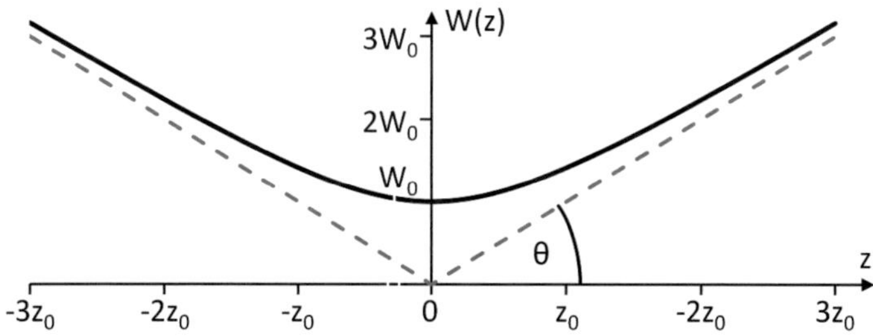

Abbildung 2.3 Strahlradius *W(z)* eines idealen Gaußstrahls in Abhängigkeit der Ausbreitungsrichtung *z*. Für große Abstände $z \gg z_0$ wächst *W(z)* linear. Aus der Steigung dieser linearen Funktion ergibt sich der Divergenzwinkel ϑ.

Die Vorschrift aus Formel 2.3 ist in Abbildung 2.3 aufgetragen und zeigt den Verlauf des Strahlradius *W(z)*.

Der Gaußstrahl ist ein mathematisches Ideal, das in der Praxis nicht erreicht wird. Um die Qualität eines Laserstrahls mit Wellenlänge λ, Strahltaillenradius W_0 und Divergenzwinkel ϑ zu charakterisieren, wird der sogenannte Gütefaktor bzw. die Beugungsmaßzahl M^2 verwendet [32]:

$$M^2 = \frac{W_0 \cdot \theta \cdot \pi}{\lambda}$$

Formel 2.5

Die Beugungsmaßzahl berechnet sich aus dem Verhältnis der Strahlparameterprodukte eines realen Laserstrahls und eines Gaußstrahls. Das Strahlparameterprodukt ist das Produkt aus dem Taillendurchmesser ($2 \cdot W_0$) und dem doppelten Divergenzwinkel ($2 \cdot \vartheta$). Eine Beugungsmaßzahl von $M^2 = 1$ steht demnach für einen idealen Gaußstrahl. Je größer M^2, desto größer ist die Abweichung vom idealen Gaußstrahl. Wird ein Strahl mit $M^2 = 2$ fokussiert, so ist die resultierende Strahltaille des Strahls bzw. der Fokusdurchmesser doppelt so groß wie der eines idealen Gaußstrahls.

Aus Formel 2.5 ergibt sich, dass ein möglichst kleiner Laserfokus bzw. eine möglichst kleine Strahltaille durch die Verwendung einer kleinen Wellenlänge λ, eines großen Divergenzwinkels ϑ und einer möglichst idealen Beugungsmaßzahl von $M^2 \approx 1$ erreicht wird.

2.4 Laseranschmelzen

Für die Herstellung von Peptidarrays wird beim Combinatorial Laser Fusing Laserstrahlung eingesetzt, um eine Schicht aus Aminosäurepartikeln zu erwärmen und zu schmelzen. Beim Durchgang durch Materie wird die Laserstrahlung absorbiert. Die Abnahme der Intensität I in Abhängigkeit der zurückgelegten Strecke z wird durch das Lambert-Beersche Gesetz beschrieben [33]:

$$I(z) = I_0 \exp(-\alpha z)$$

Formel 2.6

Dabei steht I_0 für die Anfangsintensität und α für den Absorptionskoeffizienten. Der Absorptionskoeffizient ist im Allgemeinen abhängig von der Wellenlänge des eingestrahlten Lichts. Die absorbierten Photonen regen Elektronen im Material an, die innerhalb kurzer Zeit (10^{-12} bis 10^{-6} s) relaxieren, worauf sich die Temperatur des Materials erhöht [34]. Durch Wärmeleitung verteilt sich die durch den Laser eingetragene Energie an benachbarte Partikel und an das Substrat. Der Wärmestrom $\dot{Q}$ ist dabei gegeben durch [35]:

$$\dot{Q} = -\Lambda \cdot A \cdot \frac{dT}{dx}$$

Formel 2.7

Dabei ist Λ die Wärmeleitfähigkeit, A die Kontaktfläche zwischen den Partikeln und dT/dx das Temperaturgefälle. Je länger Licht eingestrahlt wird, desto höher wird die Temperatur des Materials. Die Polymermatrix, aus der die Aminosäurepartikel hauptsächlich bestehen, hat keinen scharf abgegrenzten Schmelzpunkt, sondern sie ändert ihre

Viskosität allmählich mit steigender Temperatur. Beim Überschreiten der Glasübergangstemperatur von 60-70 °C verwandeln sich die Partikel in eine zähflüssige Masse. Bedingt durch die Oberflächenspannung bildet sich ein Tropfen aus. Da der Tropfen deutlich weniger Volumen einnimmt, als die ursprüngliche, poröse Partikelschicht, wird die Wärmeleitung an benachbarte Partikel unterbrochen. Lediglich über das Substrat kann sich die Wärme weiter ausbreiten.

Die theoretische Betrachtung dieses Prozesses ist äußerst komplex. Durch die Änderung des Phasenzustandes des Materials muss davon ausgegangen werden, dass sich die relevanten physikalischen Eigenschaften des Materials (Absorptionskoeffizient, Wärmeleitfähigkeit, Wärmekapazität, Kontaktfläche zwischen Partikeln) ändern. Außerdem kommt es neben einem reinen Wärmetransport auch zu einem Massetransport, da sich die Partikelschmelze bewegt.

Der Einfluss verschiedener Laserparameter auf die Größe der entstehenden Partikelspots wurde experimentell in [7] und in einfachen Simulationen in [36] untersucht. Innerhalb gewisser Grenzen gilt: Je höher die Laserleistung und je länger die Pulsdauer, desto größer die angeschmolzenen Partikelspots. Aus geometrischen Überlegungen ergibt sich eine theoretische Untergrenze für den minimal möglichen Durchmesser R_{min} der angeschmolzenen Partikelspots bei gegebener Partikelschichtdicke d mit Porosität Π [36]:

$$R_{min} = \frac{3}{2} \cdot (1 - \Pi) \cdot d$$

Formel 2.8

Dabei wurde die Annahme gemacht, dass die Partikelschmelze einen halbkugelförmigen Tropfen bildet, der nicht mit der Partikelschicht in der Umgebung überlappt.

2.5 Diffusion von Aminosäuren

Die Diffusionsstrecke der Aminosäuren in der geschmolzenen Polymermatrix ist von Bedeutung, da dadurch die Kupplungsreaktion der Aminosäuren ermöglicht wird. Sie können zur Oberfläche des Substrats diffundieren und dort chemisch binden.

Der Diffusionskoeffizient D der Aminosäuren in der geschmolzenen Polymermatrix lässt sich anhand der Stokes-Einstein Gleichung abschätzen [37]:

$$D = \frac{k_B T}{6\pi\eta a}$$

Formel 2.9

Dabei ist k_B die Boltzmann-Konstante, T die absolute Temperatur, η die dynamische Viskosität und a der Radius einer sich bewegenden Kugel. Die durch Diffusion zurückgelegte Entfernung s_{diff} vom Ursprungsort nach einer Zeit t wird durch die mittlere quadratischen Verschiebung $<x^2>$ definiert [37]:

$$s_{diff} = \sqrt{\langle x^2 \rangle} = \sqrt{2D \cdot t}$$

Formel 2.10

Mit $\eta = 10$ kg/ms, $a = 1$ nm und $T = 365$ K ergibt sich $D \approx 2.67 \cdot 10^{-14}$ m^2/s. Der vergleichsweise große Radius der Aminosäuren folgt daher, dass die Aminosäurederivate als OPfp-Ester aktiviert sind und am N-Terminus eine Fmoc-Schutzgruppe tragen. Die Abschätzung ergibt eine Diffusionsstrecke von $s_{diff} \approx 23$ nm für einen Laserpuls von 10 ms und eine Diffusionsstrecke von $s_{diff} \approx 14$ µm für das Erhitzen der Polymermatrix in einem Ofen für 60 min. Daraus folgt, dass durch das kurzeitige Erhitzen mit dem Laser beim Combinatorial Laser Fusing keine nennenswerte Diffusion innerhalb der Partikelmatrix stattfindet und somit nicht auf den Kupplungsschritt im Ofen verzichtet werden kann.

2.6 Adhäsion von Partikeln

Das Ziel des Combinatorial Laser Fusing ist es, durch Anschmelzen die Adhäsionskraft zwischen dem bestrahlten Material und dem Substrat signifikant zu erhöhen. Anschließend kann eine selektive Reinigung erfolgen, bei der nicht bestrahlte Partikel vom Substrat abgelöst werden, während angeschmolzene Spots haften bleiben.

Die tangentiale Kraft F_{Ab}, die nötig ist, um ein Partikel von einer Oberfläche abzulösen, ergibt sich aus der Drehimpulserhaltung und ist gegeben durch [38]:

$$F_{Ab} = F_N \cdot \frac{r_K}{x \cdot r}$$

Formel 2.11

Hier bezeichnet F_N die Normalkraft, r den Partikelradius und r_K den Radius der Kontaktfläche zwischen Partikel und Substrat. Der Wert der dimensionslosen Prozesskonstanten x wird je nach Quelle mit 4 [39] oder 1,5-1,75 [40, 41] angegeben.

Das Ablösen der Partikel erfolgt mit einem Luftstrom. Die Ablösekraft F_{Ab} hat deshalb die Form der Stokes-Reibungskraft $F_{Reibung}$ mit der dynamische Viskosität μ und der Geschwindigkeit des Luftstroms v [42]:

$$F_{Ab} = F_{Stokes} = 6\pi \cdot r \cdot \mu \cdot v$$

Formel 2.12

Die Adhäsionskraft F_N der Partikel in Abhängigkeit des Partikelradius r ist gegeben durch [39]:

$$F_N = \frac{A}{6 \cdot D^2} \cdot r$$

Formel 2.13

Hier bezeichnet *A* die Hamaker-Konstante und *D* den Abstand zwischen Partikel und Substrat bei dem die Van-der-Waals Kräfte signifikant werden [43]. *A* und *D* haben für angeschmolzenes Material und lose Partikel jeweils den gleichen Wert und kürzen sich bei der weiteren Berechnung heraus.

Die Kombination von Formel 2.11, Formel 2.12 und Formel 2.13 ergibt den selektiven Ablösefaktor *γ*:

$$\gamma = \frac{v_{Schmelze}}{v_{Partikel}} = \frac{r}{r_K}$$

Formel 2.14

Dabei ist $v_{Schmelze}$ die Strömungsgeschwindigkeit bei der angeschmolzenes Material abgelöst wird und $v_{Partikel}$ die Strömungsgeschwindigkeit bei der lose Partikel abgelöst werden.

Ist *γ = 1* ($r = r_K$), so kann keine selektive Reinigung erfolgen. Typische Strömungsgeschwindigkeiten beim Reinigungsschritt mit Druckluft betragen 3-5 m/s, so dass die selektive Reinigung bei $\gamma \geq 4$ erfolgt.

Bei den Berechnungen handelt es sich lediglich um Abschätzungen. Dabei wird angenommen, dass sowohl die Partikel, als auch das angeschmolzene Material perfekte Kugeln sind und zudem, dass der Radius der Kontaktfläche des angeschmolzenen Materials gleich dem Radius der Grundfläche ist. Des Weiteren wird bei der Berechnung der Stokes-Reibung auf die halbkugelförmige Schmelze, der Formfaktor für die Halbkugel vernachlässigt.

2.7   Laserablation

Um Partikel beim Combinatorial Laser Transfer mit Hilfe von Laserstrahlung zwischen zwei Substraten zu transferieren, macht man sich die Prinzipien der Laserablation zunutze. Dafür sind deutlich höhere Strahlintensitäten notwendig als beim Laseranschmelzen.

Um die nötigen Intensitäten zu erreichen, wird mit gepulsten Lasern gearbeitet, die innerhalb von wenigen Nanosekunden Pulse mit hoher Energie emittieren. Kurze Laserpulse sind in diesem Fall ausreichend, da auch die dadurch ausgelösten Prozesse sehr schnell ablaufen.

Bei der Absorption von Nanosekunden-Laserpulsen werden Elektronen im Material angeregt, die anschließend relaxieren. Da die Relaxationszeiten, insbesondere in Metallen, mehrere Größenordnungen kleiner als Nanosekunden sind, kommt es zu einer Erwärmung des Materials bis über die Siedetemperatur [44]. Aufgrund der hohen Heizrate kann es einen Siedeverzug im Material geben, bis es schließlich zur Dampfexplosion kommt [34]. Da der Dampf weiterhin Licht absorbiert, kann es zu Plasmabildung kommen [45]. Bei ausreichend hohen Laserintensitäten kann sich ein Plasma auch ohne Werkstück aus den Molekülen der Umgebungsluft bilden [21].

Insbesondere bei der Bestrahlung von organischen Polymeren mit ultravioletter Laserstrahlung kann es zu einer nichtthermischen Verdampfung kommen, der sogenannten „Fotolytischen Desorption". Die Anregung von Elektronen in einem Molekül kann die Bindungsenergien zwischen den Atomen stark verringern, so dass es zur Desorption kommt, bevor die Temperatur des Materials nennenswert ansteigt [34]. Da die Arbeiten in dieser Dissertation jedoch mit gepulsten Lasern im sichtbaren Spektrum (Wellenlänge 532 nm) durchgeführt wurden, kann dieser Effekt vernachlässigt werden.

Beim Combinatorial Laser Transfer trifft der Laserstrahl auf ein Partikel oder eine metallische Zwischenschicht zwischen Substrat und Partikel und wird absorbiert. Die Bildung von Dampf oder Plasma haben eine Volumenausdehnung zur Folge, wodurch eine Stoßwelle entsteht, die das Partikel vom Substrat wegbefördert. Das Partikel und die darin enthaltenen Substanzen, wie zum Beispiel Aminosäuren, bleiben dabei intakt.

3 Materialien

In diesem Kapitel werden die Materialien und Instrumente beschrieben, die für die Experimente in dieser Arbeit eingesetzt wurden.

3.1 Monomerpartikel

Aminosäuren und andere Monomere wie Biotin, die bei den laserbasierten Verfahren zur Herstellung von Peptidarrays verwendet wurden, lagen als sogenannte Monomerpartikel vor. Partikel ähnlicher Zusammensetzung wurden bereits mit dem xerographischen Drucker (Abschnitt 2.2.3) und dem CMOS-Chip (Abschnitt 2.2.4) eingesetzt. Die Verwendung von festen Partikeln bietet entscheidende Vorteile gegenüber der Verwendung von flüssigen Lösungen. Sie sind leichter zu handhaben, da sie weder verdunsten noch beim Auftragen auf Oberflächen verlaufen. Die darin enthaltenen Monomere sind sehr stabil (Zerfallsraten von < 1 % pro Monat für die meisten Aminosäurederivate [15]), das bedeutet die Partikel können bei Raumtemperatur und Umgebungsluft gelagert werden.

Bei der Verarbeitung der Partikel müssen besondere Vorsichtsmaßnahmen getroffen werden, da die Partikel auf Grund ihrer Größe als Feinstaub gelten und eine gute Lungengängigkeit aufweisen. Arbeiten mit den Partikeln wurden deshalb stets mit speziellen Masken mit Partikelfilter und unter dem Abzug durchgeführt.

Im Folgenden wird ein kurzer Überblick über die Partikelherstellung und die relevanten physikalischen Eigenschaften gegeben. Die für diese Arbeit verwendeten Monomerpartikel wurden im Rahmen von [46] hergestellt. Für eine detailliertere Betrachtung, unter anderem auch der chemischen Prozesse, sei deshalb auf [46] und auf die „Supporting Information" von [15] verwiesen.

3.1.1 Herstellung

Die Monomerpartikel bestehen aus ca. 10 Gew.-% des entsprechenden Monomers, 1-3 Gew.-% Graphitnanopartikeln (Partikelgröße < 30 nm) und einer Polymermatrix (SLEC PLT-7552, Sekisui Chemical GmbH), in der die Bestandteile eingebettet sind. Die Graphitnanopartikel dienen als Absorber für die Laserstrahlung da sie über eine großen Wellenlängenbereich eine hohe Absorption aufweisen [47].

In jede Partikelsorte wurde jeweils nur eine Monomersorte eingebracht. Für die Herstellung von Aminosäurepartikeln wurden als OPfp-Ester aktivierte Aminosäuren mit N-terminaler Fmoc-Schutzgruppe verwendet, für die Herstellung von Biotinpartikeln entsprechend Biotin-OPfp-Ester.

Die einzelnen Bestandteile wurden in Dichlormethan (DCM) gelöst bzw. dispergiert und anschließend entweder mit einer Luftstrahlmühle oder einem Sprühtrockner zu Partikeln verarbeitet.

Abbildung 3.1 REM-Aufnahmen von Aminosäurepartikeln mit Glycin aus unterschiedlichen Herstellungsprozessen. a) Luftstrahlmühle, b) Sprühtrockner. [46]

Für die Weiterverarbeitung in der Luftstrahlmühle wurde die Lösung zunächst getrocknet. Die entstandene Masse wurde zerstoßen und mit einer Schneidmühle (Universalmühle M20, IKA GmbH) grob gemahlen. Anschließend wurden die groben Partikel mit in einer Luftstrahlmühle (50 AS Spiralstrahlmühle, Firma Hosokawa Alpine) fein gemahlen. Die Partikel werden dabei in mehrere Aerosolströme aufgeteilt, welche in einem Zylinder miteinander kollidieren. Entsprechend ist die Form der Partikel unregelmäßig mit teils scharfen Bruchkanten (Abbildung 3.1a).

Im Sprühtrockner wurde die Lösung erhitzt und über eine Düse in feine Tröpfchen zerstäubt. Das Lösungsmittel verdampft rasch und es entstehen kugelförmige Partikel, die in einem Auffangbehälter gesammelt werden (Abbildung 3.1b). Der Sprühtrockner eignet sich insbesondere für die Herstellung kleinerer Partikelmengen, da die produktionsbedingten Materialverluste (z. B. durch Filter) geringer sind.

3.1.2   Physikalische Eigenschaften

Im Rahmen dieser Arbeit wurden in Zusammenarbeit mit [43] ausgewählte physikalische Parameter der Partikel bestimmt, um diese zu charakterisieren. Während zum Beispiel die Größenverteilung routinemäßig zur Kontrolle des Herstellungsprozesses gemessen wurde, sind Parameter wie Temperaturleitfähigkeit, Brechungsindex und Glasübergangstemperatur für Simulationen des Combinatorial Laser Fusing relevant. Diese Simulationen werden gegenwärtig im Kooperationsprojekt „Very high-density peptide arrays by laser-induced particle melting in liquid phase" im Rahmen einer Helmholtz Russia Joint Research Group (HRJRG) mit dem Institute on Laser and Information Technologies of the Russian Academy of Sciences (ILIT RAS) und dem IMT durchgeführt und sind nicht Bestandteil dieser Arbeit.

Größenverteilung

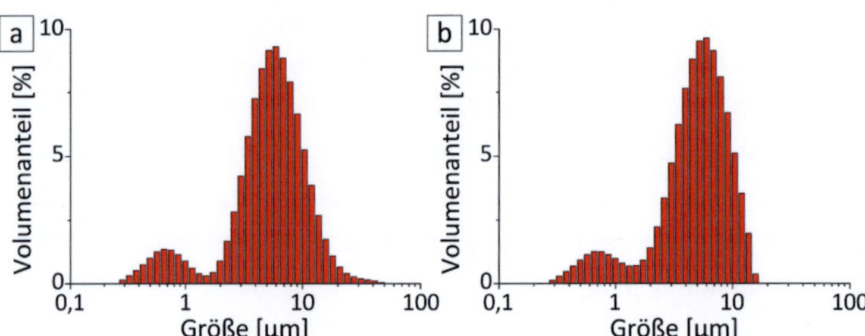

Abbildung 3.2   Größenverteilungen von Aminosäurepartikeln mit Glycin. a) Herstellung mit Luftstrahlmühle, Median 3,76 µm. b) Herstellung mit Sprühtrockner, Median 3,52 µm.

Einer der wichtigsten Parameter bei der Partikelherstellung ist die Größenverteilung der Partikel. Diese wurde mit einem Partikelgrößenmessgerät (Mastersizer 2000, Malvern Instruments Ltd.) über die Beugung von Laserstrahlen nach der Fraunhofer-Theorie bestimmt. Die Verteilung wird über den Median der Partikelgröße bezüglich des Partikelvolumens charakterisiert. Das bedeutet, 50 % des Gesamtvolumens werden jeweils von größeren bzw. von kleineren Partikeln eingenommen. Zwei typische Größenverteilungen sind in Abbildung 3.2 dargestellt. Dabei wurden die Partikelchargen vermessen, die auch auf den REM-Bildern in Abbildung 3.1 zu sehen sind. Sowohl die Herstellung mit der Luftstrahlmühle als auch die Herstellung mit dem Sprühtrockner liefern eine ähnliche Größenverteilung.

Temperaturleitfähigkeit

Die Temperaturleitfähigkeit des Partikelmaterials wurde mit einer Laser Flash Apparatur (LFA 427, NETZSCH-Gerätebau GmbH) am Institut für Angewandte Materialien - Angewandte Werkstoffphysik (IAM-AWP), KIT bestimmt. Dabei wird eine scheibenförmige Probe durch einen kurzen Lichtimpuls auf der Unterseite erhitzt. Die Oberseite der Probe wird mit einem Infrarotdetektor beobachtet und die Temperaturänderung gemessen. Zusätzlich kann die Temperatur der Probenkammer eingestellt werden (-120 bis 2800 °C), um die Temperaturabhängigkeit der Temperaturleitfähigkeit zu bestimmen.

Die Partikel wurden in einer Form erhitzt, um eine Scheibe zu erhalten, die den Anforderungen des Messgeräts an die Probengeometrie entspricht. Es wurden vier Proben unterschiedlicher Zusammensetzung (reine Polymermatrix [S-LEC PLT-7552, Sekisui Chemical GmbH], Polymermatrix mit 10 % Fmoc-Glycin-OPfp-Ester, Polymermatrix mit 3 % Graphit, Polymermatrix mit 10 % Fmoc-Glycin-OPfp Ester und 3 % Graphit) im Temperaturbereich von 25 bis 80 °C untersucht. Eine Messung bei höheren Temperaturen konnte nicht durchgeführt werden, da eine Verflüssigung der Probe eine Verunreinigung des Messgeräts zur Folge gehabt hätte.

Die Messungen ergaben eine Temperaturleitfähigkeit von $1{,}05 \cdot 10^{-7}\,m^2/s \pm 0{,}12 \cdot 10^{-7}\,m^2/s$. Angesichts des großen Fehlers, waren weder signifikanten Unterschiede zwischen den Proben unterschiedlicher Zusammensetzung, noch eine Abhängigkeit von der Umgebungstemperatur feststellbar. Ein Ursache für den großen Fehler könnten Lufteinschlüsse in den Proben gewesen sein.

Brechungsindex

Mit einem Refraktometer wurde der Brechungsindex des Partikelmaterials bestimmt. Wie schon bei der Bestimmung der Temperaturleitfähigkeit, wurden dazu Partikel in einer Form erhitzt, um ein Plättchen (Maße: 10 mm×20 mm×1 mm) zu erhalten. Damit Lufteinschlüsse entweichen konnten, wurde die Probe für ca. 45 min auf 160 °C aufgeheizt. Der Brechungsindex wurde bei zwei Wellenlängen (532 nm und 635 nm) gemessen. Die Ergebnisse der Messungen sind in Tabelle 1 aufgeführt.

Der Brechungsindex nimmt für größere Wellenlängen leicht zu. Ebenso führt die Zugabe des Aminosäurederivats zu einer leichten Zunahme des Brechungsindexes. Eine Abhängigkeit des Brechungsindex von der Temperatur kann zu einer Selbstfokussierung der -defokussierung des Lasers beim Bestrahlen der Probe führen [34]. Da beim Combinatorial Laser Fusing jedoch nur mit sehr dünnen Partikelschichten gearbeitet wird, wären die Auswirkungen gering. Die Temperaturabhängigkeit des Brechungsindex wurde daher nicht bestimmt.

Tabelle 1 Ergebnisse der Brechungsindexmessungen

	Brechungsindex bei 532 nm	Brechungsindex bei 635 nm
Polymermatrix (S-LEC PLT-7552, Sekisui Chemical GmbH)	1,5292	1,5837
Polymermatrix mit 10 % Glycin (Fmoc-Glycin-OPfp Ester)	1,5749	1,5852

jeweils ±0,0003

Glasübergangstemperatur

Die Glasübergangstemperatur der Partikel wurde über dynamische Differenzkalorimetrie (DSC 204 F1 Phoenix, NETZSCH-Gerätebau GmbH) bestimmt. Dabei werden zwei Tiegel erhitzt bzw. abgekühlt. Einer der Tiegel enthält einige Milligramm Partikel, während er zweite Tiegel leer ist. Aus der Differenz der Wärmeströme kann die Glasübergangstemperatur des Materials bestimmt werden. Die Glasübergangstemperatur der Partikel liegt bei 60-70 °C. Messungen für unterschiedliche Aminosäuren und Partikelzusammensetzungen wurden in [46] und [15] durchgeführt.

3.2 Funktionalisierte Oberflächen

Die Substrate, auf denen die Peptidsynthese durchgeführt wird, müssen amino-funktionalisiert werden. Es wurden ausschließlich Glassubstrate verwendet, prinzipiell kann die Synthese jedoch auch auf anderen Substraten erfolgen. Damit Aminosäuren an die Oberfläche chemisch binden können, müssen auf der Oberfläche freie NH_2-Gruppen vorhanden sein.

Für die Synthesen in dieser Arbeit wurden drei verschiedene Oberflächen eingesetzt: Polymerfilme aus Poly(ethylenglycol)methacrylat (PEGMA) und Methylmethacrylat (MMA) und selbstorganisierende Monoschichten (engl. „self-assembled monolayer", SAM). Die Oberflächen wurden zum Teil von der PEPperPRINT GmbH, Heidelberg bezogen und zum Teil im Rahmen von [48] und [49] hergestellt.

Zur Erzeugung der Polymerfilme wird das Glas zunächst gereinigt und mit einer Säure aktiviert, um Hydroxy-Gruppen zu erzeugen. Anschließend wird die Oberfläche silanisiert und ein Polymerfilm auf der Oberfläche synthetisiert. Die beiden Monomere PEGMA und MMA werden dafür im gewünschten Verhältnis gemischt und mit einem Katalysator umgesetzt. Bei den Experimenten in dieser Arbeit kamen reine PEGMA-Filme zum Einsatz und Copolymere aus 10 Mol-% PEGMA und 90 Mol-% MMA, sogenannte 10:90 PEGMA-co-MMA-Filme.

Ein Vorteil der reinen PEGMA-Filme ist ihre proteinabweisende Eigenschaft. Bei Hochdurchsatzscreenings mit den Peptidarrays werden so unspezifische Signale verhindert, da die unspezifische Bindung, von

z. B. Antikörpern, unterdrückt wird. Eine zu starke proteinabweise Wirkung kann allerdings auch von Nachteil sein, da dadurch auch gewünschte Bindungen beeinflusst werden können. Die Anzahl der Aminogruppen (40 nmol/cm² bei einer Schichtdicke von 100 nm) ist im Vergleich zu den anderen Oberflächen groß und damit auch die Peptiddichte. Ein Nachteil ist jedoch, dass die Peptide in dem Film, bedingt durch sterische Hinderung, unter Umständen für Proteine und damit für mögliche Bindungspartner nicht zugänglich sind. Typischen Schichtdicken der reinen PEGMA-Filme liegen bei 100-150 nm. Details zur Herstellung und Eigenschaften sind in [50] beschrieben.

Je mehr MMA in den Schichten verwendet wird, desto geringer ist die Dichte der Aminogruppen, allerdings werden diese besser für Proteine zugänglich. Durch einen geringeren PEGMA-Anteil ist die proteinab-weisende Wirkung reduziert, so dass unspezifische Bindungen verhin-dert werden, aber gewünschte Bindungen nicht so stark beeinflusst werden. Die Dicke von 10:90 PEGMA-co-MMA-Filme beträgt ca. 10-50 nm. Details zur Herstellung und Eigenschaften der PEGMA-co-MMA-Filme sind in [51] beschrieben.

Neben den Polymerfilmen wurden aminoterminierte SAMs mit (Ethyl-englycol)$_3$-Spacer eingesetzt, sogenannten AEG$_3$-SAMs. Nach der Aktivierung der Glasoberfläche und der Silanisierung mit einem Epoxysilan folgt in diesem Fall eine Epoxidöffnung mit 1,13-Diamino-4,7,10-trioxatridecan. Die Oberfläche weist danach eine im Vergleich zu den PEGMA-Filmen geringe Dichte an Aminogruppen auf, allerdings sind diese besser zugänglich. Die Schichtdicke der AEG3-SAMs beträgt ca. 2 nm. Für eine detaillierte Beschreibung der Herstellung und Eigenschaften siehe [52].

3.3 Partikelbeschichtung

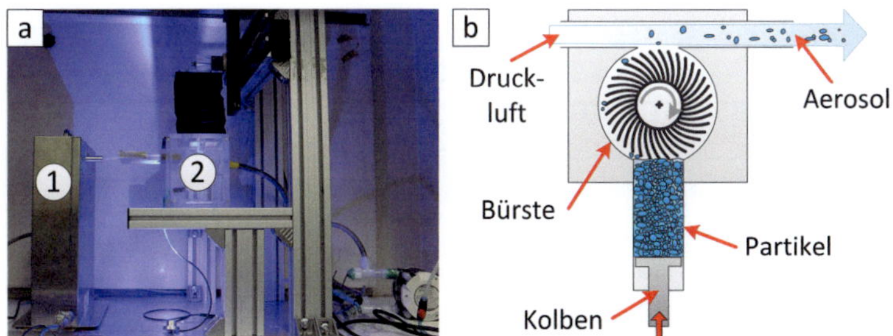

Abbildung 3.3 Beschichtungsanlage. a) Foto der Anlage mit Aerosolgenerator (1) und Abscheidekammer (2). b) Funktionsprinzip des Pulverdispergierers. [53]

Zum Aufbringen der Monomerpartikel auf ein Substrat wurde die in Abbildung 3.3a dargestellte Beschichtungsanlage verwendet. Ein Pulverdispergierer mit Bürste (RBG 1000, Firma Palas) erzeugt ein Aerosol. Das Funktionsprinzip ist in Abbildung 3.3b skizziert. Die Partikel werden in einen Zylinder gefüllt und mit einem Kolben mit definierter Vorschubgeschwindigkeit in eine rotierende Metallbürste befördert. Ein Luftstrom wird über die Bürste geleitet und nimmt die Partikel auf. Über einen Schlauch wird das Aerosol in die Abscheidekammer geleitet. Dort trifft es auf das Substrat, das in zwei Dimensionen bewegt wird, um eine gleichmäßige Beschichtung zu erreichen. Die Partikel sind in der Regel triboelektrisch geladen. Deshalb wird die Partikelabscheidung durch ein elektrisches Feld unterstützt. Zu diesem Zweck ist hinter dem Substrat eine Elektrode angebracht. In die Anlage können bis zu fünf Objektträger eingelegt werden, die nacheinander von einem Greifer aufgenommen werden und zur Beschichtung in die Abscheidekammer gefahren werden. Die Entwicklung der Beschichtungsanlage sowie die Beschichtung der für diese Arbeit verwendeten Substrate wurde im Rahmen von [53] durchgeführt. Für eine detailliertere Beschreibung und die Untersuchung verschiedener Prozessparameter und deren Einfluss auf die entstehenden Partikelschichten sei auf [53], [54] und [55] verwiesen. Das Prinzip der Partikelbeschichtung wurde zum Patent angemeldet [56].

3.4 Lasermikrodissektionsgerät

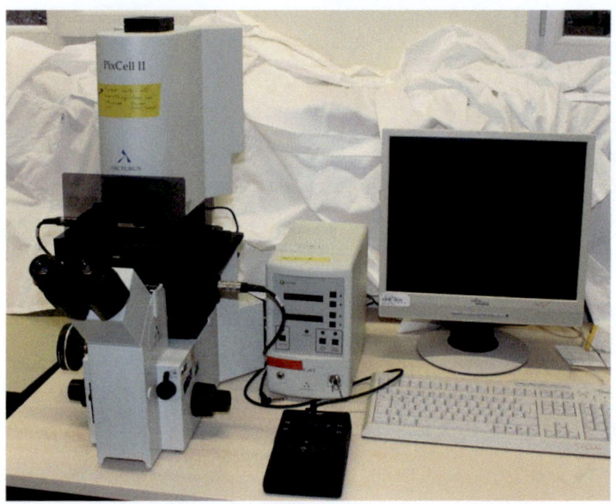

Abbildung 3.4 Lasermikrodissektionsgerät Pixcell II Laser Capture Microdissection System, Firma Arcturus.

Für eine Reihe von Vorexperimenten zum Combinatorial Laser Fusing wurde das in Abbildung 3.4 dargestellte Lasermikrodissektionsgerät (Pixcell II Laser Capture Microdissection System, Firma Arcturus) verwendet. Dabei handelt es sich um ein adaptiertes inverses Mikroskop (IX50, Firma Olympus) mit eingekoppeltem Laser. Ursprünglich wurde dieses Gerät dafür entwickelt, um Zellen oder Zellbestandteile aus einem Gewebe zu extrahieren. Dafür wird mit einem kurzen Laserpuls ein thermoplastischer Film über einzelne Zellen geschmolzen. Da die Zellen nun fest mit dem Film verbunden sind, können sie entnommen werden, idealerweise ohne das umliegende Gewebe oder die Zellen selbst zu beschädigen.

Das Mikroskop verfügt über einen Diodenlaser im nahen Infrarot. Die technischen Daten sind in Tabelle 2 aufgeführt. Die Probe kann über einen Mikroskoptisch positioniert werden. Die Ansteuerung des Systems (Positionierung der Probe und Auslösen von Laserpulsen) erfolgt über ein LabVIEW-Programm (Firma National Instruments).

Tabelle 2 Technische Daten des Lasers im Mikrodissektionsgerät

Wellenlänge	810	nm
Leistung	3-100	mW
Pulsdauer	0,1-1000	ms
Laserfokusdurchmesser	7,5	µm

3.5 Strukturierte Substrate

Sowohl beim Combinatorial Laser Fusing als auch beim Combinatorial Laser Transfer wurden mikrostrukturierte Substrate verwendet. Bei den Mikrostrukturen handelte es sich um eine Anordnung von zylinderförmigen Vertiefungen. Es wurden zum einen Glassubstrate verwendet, auf denen ein Fotolack strukturiert wurde und zum anderen Glassubstrate, die in einem Trockenätzverfahren strukturiert wurden.

3.5.1 Fotolack

Für Vorexperimente des Combinatorial Laser Transfers wurden Glassubstrate mit einer Schicht aus mikrostrukturiertem Fotolack MrX-10 (micro resist technology GmbH, Berlin) hergestellt. Zunächst wurde ein Glaswafer (Durchmesser 100 mm, Dicke 0,5 mm) per Rotationsbeschichtung (engl. spin coating) mit MrX-10 beschichtet. Anschließend wurde der Wafer erhitzt (Pre-Bake), damit das enthaltene Lösungsmittel weitgehend verdampft. Nun wurden mit einem Laserschreiber (DWL 66FS laser lithography system, Heidelberg Instruments GmbH) die zuvor definierten Strukturen geschrieben. Da MrX-10 ein Negativlack ist, wurden die Bereiche des Wafers mit dem UV-Laser (Wellenlänge 355 nm) bestrahlt, die am Ende als Strukturen auf dem Wafer stehen bleiben sollen. Der Wafer wurde erneut erhitzt (Post-Exposure-Bake), damit die Vernetzungsreaktion in den bestrahlten Bereichen des Fotolacks stattfindet. Anschließend wurde der restliche Fotolack entfernt und zurück blieben die gewünschten Strukturen. Im letzten Schritt wurde der Wafer in quadratische Chips von 20 mm × 20 mm vereinzelt. Die Herstellung der Strukturen, sowie der Einfluss verschiedener Prozessparameter sind in [48] detailliert erklärt.

Die so hergestellten Strukturen wurden lediglich für Vorexperimente verwendet, da sich der Fotolack leicht vom Glassubstrat ablösen kann, wenn er den chemischen Bedingungen einer Peptidsynthese ausgesetzt wird.

3.5.2 Mikrostrukturiertes Glas

Für den Combinatorial Laser Transfer und um die Peptidsynthese auf strukturierten Oberflächen zu erproben, wurden mikrostrukturierte Glassubstrate eingesetzt, die in einem Trockenätzprozess durch reaktives Ionentiefenätzen (deep reactive ion etching, D-RIE) hergestellt wurden.

Dabei wurde zunächst per Lithographie eine Chrommaske auf einem Quarzglaswafer (Durchmesser 10 mm, Dicke 1 mm) erzeugt. Anschließend folgte ein alternierendes Verfahren, bei dem sich zwei Prozesse abwechseln: Die Bestrahlung mit reaktiven Ionen, um in die Tiefe zu ätzen und das Ablagern einer Polymerschicht, um die Seitenwände zu schützen. Dadurch können Strukturen mit besonders steilen und glatten Seitenwänden erzeugt werden [57]. Der Wafer wurde anschließend in quadratische Chips von 10 mm × 10 mm vereinzelt.

Die in dieser Dissertation verwendeten Substrate wurden von der mikroglas chemtech GmbH, Mainz bezogen. Ein Chip enthält, wie in Abbildung 3.5 zu sehen, verschiedene Felder, in denen Lochdurchmesser und Pitch (Abstand von Mittelpunkt zu Mittelpunkt) variieren.

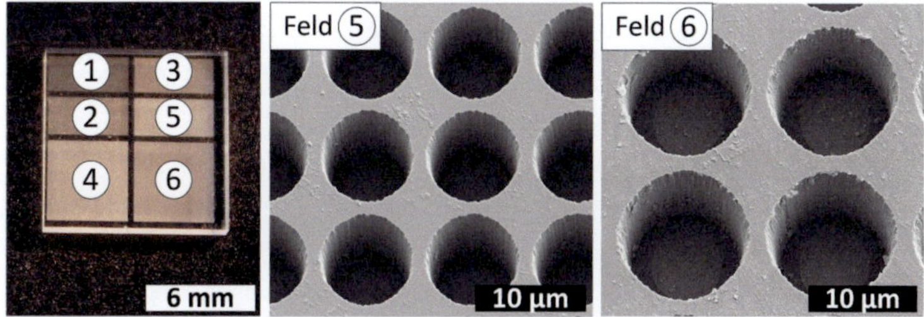

Abbildung 3.5 Glassubstrat (10 mm × 10 mm) mit zylinderförmigen Vertiefungen (Tiefe jeweils 8-10 µm), eingeteilt in sechs Felder mit jeweils anderem Lochdurchmesser D und Pitch P. Feld 1: D = 3 µm, P = 10 µm. Feld 2: D = 4 µm, P = 10 µm. Feld 3: D = 5 µm, P = 10 µm. Feld 4: D = 6 µm, P = 10 µm. Feld 5: D = 7 µm, P = 10 µm. Feld 6: D = 10 µm, P = 14 µm.

4 Lasersysteme

Im Rahmen dieser Dissertation wurden zwei Lasersysteme geplant und aufgebaut. Das Laserscanningsystem ist mit einem Dauerstrichlaser und einem Scankopf ausgestattet und wurde für das Combinatorial Laser Fusing verwendet. Das System mit dem gepulsten Laser wurde für den Combinatorial Laser Transfer von Partikeln eingesetzt.

Die Laser der beiden Systeme gehören nach EN 60825-1 in die Laserklasse 4, die Klasse mit dem höchsten Gefährdungspotenzial. Deshalb wurde beim Aufbau der Systeme besonderen Wert auf die Sicherheit der Systeme gelegt.

4.1 Laserscanningsystem

Das Laserscanningsystem wird für das Combinatorial Laser Fusing (Prinzip siehe Abschnitt 1.4) verwendet. Dabei steht der Wärmeeintrag des Lasers im Vordergrund, um die Partikel in Spots anzuschmelzen. Bei der Planung des Aufbaus konnte auf die Erfahrungen zurückgegriffen werden, die bei Vorexperimenten mit dem Lasermikrodissektionsgerät (siehe Abschnitt 3.2) gewonnen wurden. Entsprechend lag das Hauptaugenmerk auf einer Optimierung des Prozesses, insbesondere in Bezug auf die Prozessgeschwindigkeit, um zukünftig in größerem Stil Peptidarrays herstellen zu können.

Bei der Planung des Laserscanningsystems wurden zuerst die Anforderungen an das System definiert. Anschließend wurde das System in Teilbereiche zerlegt und für jeden Teilbereich die Vor- und Nachteile verschiedener Lösungsmöglichkeiten abgewogen. Im Folgenden sind die Anforderungen sowie die Teilbereiche zusammengefasst. Anschließend wird der Aufbau beschrieben. Alle Komponenten des

Aufbaus wurden im Rahmen dieser Arbeit ausgewählt und neu beschafft. Für die Positionserkennung von Substraten und die Kalibrierung des Systems wurden jeweils spezielle Methoden entwickelt. Aufgrund ihrer Komplexität werden diese in separaten Abschnitten behandelt.

4.1.1   Anforderungen

Zeitdauer

Beim Combinatorial Laser Fusing müssen viele tausend Spots bestrahlt werden. Entscheidend ist deshalb die Zeitdauer, die für jeden einzelnen Spot benötigt wird. Insgesamt soll die Bearbeitungszeit für ein Substrat in der Größenordnung von wenigen Minuten liegen. Bei einem Substrat mit 500.000 Spots (entspricht in etwa der nutzbaren Fläche eines Objektträgers mit Spots in einem Pitch von 50 µm) wird bei der Verwendung von 20 Aminosäurebausteinen im Durchschnitt jeder zwanzigste Spot bestrahlt, also 25.000 Spots pro Bearbeitungsschritt. Bei <5 min Bearbeitungszeit ergeben sich <12 ms pro Spot. Diese Zeitdauer setzt sich zusammen aus der Pulsdauer, also der Zeit, die jeder Spot tatsächlich bestrahlt wird und der Verfahrzeit, die benötigt wird, um den Laser zum nächsten Spot zu bewegen.

Bearbeitungsfläche

Als Substrat sollen Objektträger mit den Maßen 76 mm × 26 mm verwendet werden. Dieses Format ist ein gängiger Standard in der Biologie und viele Geräte, wie zum Beispiel Scanner zum Auslesen von Fluoreszenzsignalen, sind darauf abgestimmt. Für die Handhabung der Objektträger muss ein Rand freibleiben. Das System soll deshalb in der Lage sein, eine Fläche von mindestens 50 mm × 20 mm zu bearbeiten.

Genauigkeit

Da hochdichte Peptidarrays hergestellt werden sollen, ist die Positioniergenauigkeit des Systems von entscheidender Bedeutung. Der Pitch der Spots soll max. 100 µm, idealerweise 50 µm betragen. Bei einer maximalen Abweichung von 10 % ergibt sich so eine Genauigkeit von max. 10 µm und idealerweise 5 µm.

Laser

Der Laserfokusdurchmesser soll kleiner als der Pitch sein, so dass benachbarte Spots nicht beeinflusst werden und kleine Abweichungen bei der Positionierung des Laserfokus tolerierbar sind. Bei einem Pitch von 50 µm soll der Laserfokusdurchmesser somit kleiner als 25 µm sein.

Um die Pulsdauer gering zu halten, muss der Laser eine ausreichend hohe Leistung besitzen, so dass die Energiemenge, die für das Aufschmelzen der Partikel notwendig ist, in möglichst kurzer Zeit eingebracht wird. Der bei Vorexperimenten verwendete Laser im Lasermikrodissektionsgerät (Abschnitt 3.4) hat eine maximale Leistung von 100 mW und Pulsdauern unter 10 ms führten bereits zum gewünschten Ergebnis. Der Laser soll deshalb eine mindestens 10-mal höhere Leistung (ca. 1 W) besitzen, um die Pulsdauer weiter reduzieren zu können und um genügend Leistungsreserven zu haben, da durch verschiedene optische Komponenten im Strahlengang Leistungsverluste auftreten können.

Die Wellenläge des Lasers soll im sichtbaren Spektralbereich liegen. Aus den theoretischen Überlegungen in Abschnitt 2.1 ergibt sich, dass sich mit einer kleineren Wellenlänge bei gleichem optischem Aufbau ein kleinerer Fokus erreichen lässt. Laser im ultravioletten (UV) Spektralbereich scheiden jedoch aus, da die einzelnen Photonen so energiereich sind, dass sie unter Umständen die chemische Bindung der verwendeten Moleküle aufbrechen. Die Verwendung einer sichtbaren Wellenlänge bringt den zusätzlichen praktischen Vorteil mit sich, dass beim Justieren des Systems keine weiteren Hilfsmittel, wie z. B. fluoreszierende Justierhilfen, notwendig sind, um den Strahl sichtbar zu machen.

4.1.2   Teilbereiche

A: Positionieren des Laserfokus auf dem Substrat

Problem: Der Laserstrahl muss schnell und exakt auf dem Substrat positioniert werden, um die jeweiligen Partikel auf dem Substrat anzuschmelzen.

- Variante 1: Laser bewegen
  - Vorteile
    - Hohe Genauigkeit
    - Geringe Einschränkungen bei Substratgeometrie
  - Nachteile
    - Langsam
    - Laseroptik muss mitbewegt werden
- Variante 2: Substrat bewegen
  - Vorteile
    - Hohe Genauigkeit
    - Geringe Einschränkungen bei Laseroptik & -geometrie
  - Nachteile
    - Langsam
- Variante 3: Laserstrahl über Spiegel ablenken
  - Vorteile

- ■ Schnell

- ■ Geringe Einschränkungen bei Substratgeometrie

- o Nachteile

  - ■ Spezielle Laseroptik notwendig (F-Theta Objektiv)

  - ■ Parameter des Systems sind von der Brennweite abhängig (Je größer die Geschwindigkeit und je größer die Bearbeitungsfläche, desto größer ist auch der Laserfokus und desto ungenauer ist das System.)

Lösung: Nach einer Bewertung der Vor- und Nachteile wurde Variante 3 ausgewählt. Ausschlaggebend war die hohe Geschwindigkeit der Positionierung. Es wurde eine Laseroptik gefunden, mit der sowohl die Anforderungen an Geschwindigkeit und Bearbeitungsfläche, als auch an Genauigkeit und Laserfokusdurchmesser erfüllt werden.

B: Lasermodulation

Problem: Es muss möglich sein, die Intensität der Laserstrahlung und die Dauer der Laserpulse präzise einzustellen, da davon die eingetragene Energiemenge abhängt. Der Zeitpunkt der Laserpulse muss flexibel wählbar sein und mit der Positionierung des Laserstrahls synchronisiert werden können.

- ● Variante 1: Absorptionsfilter

  - o Vorteile

    - ■ Große Bandbreite verfügbar

    - ■ Für sehr hohe Laserleistung geeignet

  - o Nachteile

    - ■ Intensitätseinstellung nur stufenweise

- ■ Ein- und Ausschalten des Laserstrahls nicht möglich
- Variante 2: Polarisationsfilter
  - o Vorteile
    - ■ Intensitätseinstellung stufenlos
  - o Nachteile
    - ■ Schnells Ein- und Ausschalten des Laserstrahls nicht möglich
- Variante 3: Mechanischer Verschluss (Shutter)
  - o Vorteile
    - ■ Für sehr hohe Laserleistung geeignet
  - o Nachteile
    - ■ Intensitätseinstellung nicht möglich
- Variante 4: Direkte Modulation des Lasers
  - o Vorteile
    - ■ Keine weiteren Komponenten nötig, dadurch kurzer Strahlengang
    - ■ Intensitätseinstellung stufenlos
    - ■ Ein- und Ausschalten des Laserstrahls möglich
  - o Nachteile
    - ■ Begrenzte Frequenz
    - ■ Nicht bei allen Lasertypen möglich
- Variante 5: Akustooptischer Modulator (AOM)
  - o Vorteile
    - ■ Intensitätseinstellung stufenlos
    - ■ Ein- und Ausschalten des Laserstrahls möglich

- o Nachteile

    - Verringerte max. Laserintensität

    - Nur für kleine Strahldurchmesser (1-2 mm)

Lösung: Messungen zeigten, dass bei Variante 4, der direkten Modulation des Lasers, die transversale Mode des Lasers nicht stabil war und daher Intensitätsschwankungen >10 % auftraten. Das System wurde deshalb mit einem AOM nach Variante 5 ausgerüstet, da so sowohl die Intensität geregelt werden kann, als auch der Laser komplett ausgeschaltet werden kann. Die auftretenden Verluste in der Laserintensität sind bei einer ausreichend hoch gewählten Leistung des Lasers nicht relevant.

C: Positionserkennung

Problem: Das Substrat wird bei der Herstellung eines Peptidarrays mit dem Lasersystem wiederholt bearbeitet. Dabei muss der Laser die gleichen Stellen auf dem Substrat bestrahlen. Um dies zu gewährleisten, muss das System mit einer Positionserkennung ausgerüstet werden. Ein Offset des Substrats in x- und y-Richtung, sowie eine Verdrehung des Substrats um die z-Achse müssen erkannt werden. Um den Winkel des Substrats möglichst exakt zu bestimmen, sollen zwei Messungen mit möglichst großem Abstand durchgeführt werden. Eine Veränderung der Position in z-Richtung, sowie eine Verkippung um die x- oder y-Achse kann aufgrund des daraus resultierenden kleinen Fehlers vernachlässigt werden. Grundsätzlich wird davon ausgegangen, dass das Substrat durch die Verwendung von Anschlägen bereits vorpositioniert ist.

- Variante 1: Lasertriangulationssensor

    - o Vorteile

        - Schnelle Messung

- o Nachteile
  - Positionserkennung nur über Kanten möglich
  - Transparente Substrate erschweren Messung
- Variante 2: Kamerasystem mit mindestens zwei Kameras
  - o Vorteile
    - Art der Positionsmarkierung flexibel
    - Schnelle Messung
  - o Nachteile
    - Anzahl und Abstand der Messpunkte ist durch Anzahl und Abstand der Kameras festgelegt
    - Bildverarbeitung notwendig
- Variante 3: Kamerasystem mit einer Kamera (beweglich)
  - o Vorteile
    - Art der Positionsmarkierung flexibel
    - Beliebig viele Markierungen können detektiert werden
    - Kann zusätzlich zur Qualitätskontrolle des Prozesses verwendet werden
    - Kann zusätzlich zur Kalibrierung des Lasersystems verwendet werden
  - o Nachteile
    - Bildverarbeitung notwendig
    - Kamera bzw. Substrat muss bewegt werden

Lösung: Zur Positionserkennung wurde Variante 3, das Kamerasystem mit einer Kamera, gewählt. Dies ist die flexibelste Lösung, da unterschiedliche Arten von Markierungen eingesetzt werden können und über mehrere Markierungen ein statistischer Durchschnitt gebildet werden kann. Zusätzlich kann die Kamera zur Qualitätskontrolle und zur Kalibrierung des Lasersystems verwendet werden. Die Beleuchtung des Substrats erfolgt per Durchlicht. Aus konstruktiver Sicht ist es einfacher das Substrat zu bewegen, anstatt die Kamera samt Beleuchtung. Das Substrat wird in einen xy-Tisch eingelegt und kann so vom Arbeitsbereich des Lasers in das Sichtfeld der Kamera bewegt werden. Die Bildverarbeitung und die Erkennung der Positionsmarkierungen wurde mit dem Programm LabVIEW (Firma National Instruments) realisiert.

D: Positionsmarkierungen

Problem: Ein Sensor zur Positionserkennung benötigt einen Referenzpunkt auf dem Substrat, um die Position des Substrats zu bestimmen.

- Variante 1: Kanten des Glassubstrats
  - o Vorteile
    - Keine zusätzlichen Markierungen und somit kein weiterer Arbeitsschritt notwendig
  - o Nachteile
    - Kanten des Glassubstrats können während des Prozesses absplittern
    - Kantensteilheit und -ebenheit ist bei Standardobjektträgern nicht näher definiert
- Variante 2: Rahmen
  - o Vorteile
    - Kanten des Rahmens sind beliebig definierbar
    - Es können beliebe Markierungen angebracht werden.

- o Nachteile
  - ▪ Verbindung von Substrat und Rahmen muss den Bedingungen der Peptidsynthese widerstehen (Klebstoff muss organische Lösungsmittel aushalten, Klemmmechanismus darf sich beim Erhitzen auf 90°C nicht verziehen)
- • Variante 3: Goldmarkierungen auf Glassubstrat
  - o Vorteile
    - ▪ Guter Kontrast
  - o Nachteile
    - ▪ Aufwendiger Prozess
    - ▪ Markierungen können sich ablösen
    - ▪ Verträglichkeit mit Oberflächenfunktionalisierung ist fraglich
- • Variante 4: Markierungen durch Laserablation direkt im Glas
  - o Vorteile
    - ▪ Chemikalienresistent
  - o Nachteile
    - ▪ Glas kann während des Prozesses absplittern
    - ▪ Schlechter Kontrast

Lösung: Es wurde Variante 4 gewählt. Die Markierungen wurden mit einem gepulsten Laser direkt in das Glassubstrat geschrieben. Durch die Verwendung einer Dunkelfeldbeleuchtung bei der Detektion der Markierungen mit dem Kamerasystem, konnte der Kontrast erheblich verbesset werden.

4.1.3 Aufbau

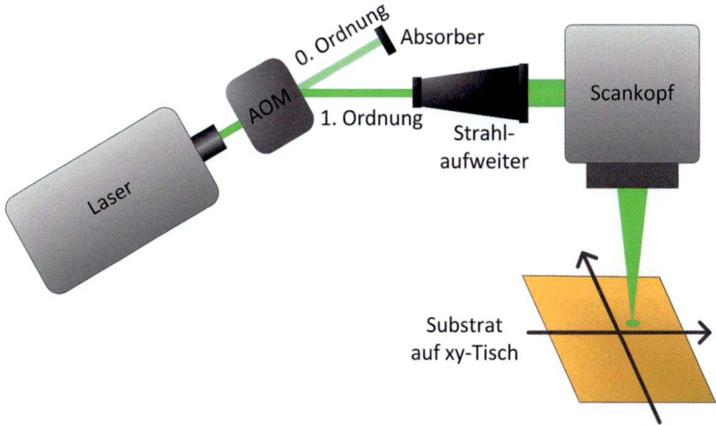

Abbildung 4.1 Strahlengang des Laserscanningsystems: Ein AOM moduliert den Laserstrahl. Der Durchmesser des Strahls 1. Ordnung wird mit einem Strahlaufweiter an die Größe der Eingangsapertur des Scankopfes angepasst. Der Laserfokus wird mit dem Scankopf auf dem Substrat positioniert.

Das grundsätzliche Funktionsprinzip des Laserscanningsystems ist in Abbildung 4.1 skizziert. Der Strahlengang ist dabei vereinfacht dargestellt. In der Praxis muss der Laserstrahl über mehrere Spiegel umgelenkt werden. Durch Stellschrauben an den Spiegeln kann der Strahlengang justiert werden.

Als Strahlquelle dient der in Abbildung 4.2a dargestellte diodengepumpte Festkörperlaser (FSDL-532-1000T, Frankfurt Laser Company) mit einer Wellenlänge von 532 nm und einer Leistung von ca. 1 Watt. Das aktive Medium des Lasers besteht aus einem Yttrium-Aluminium-Granat-Kristall mit einer Neodym Dotierung (Nd:YAG). Die technischen Daten des Lasers sind in

Tabelle 3 aufgeführt. Über die Spannung an einem analogen Eingang (0-5 V) kann die Pumpleistung und damit die Ausgangsleistung des Lasers eingestellt werden. In der Praxis führt eine Änderung der

Pumpleistung jedoch zu Änderungen der transversalen Mode und zu Schwankungen der Ausgangsleistung. Deshalb wurde die Modulationsspannung während des Betriebs, sofern nicht anders vermerkt, bei 5 V belassen.

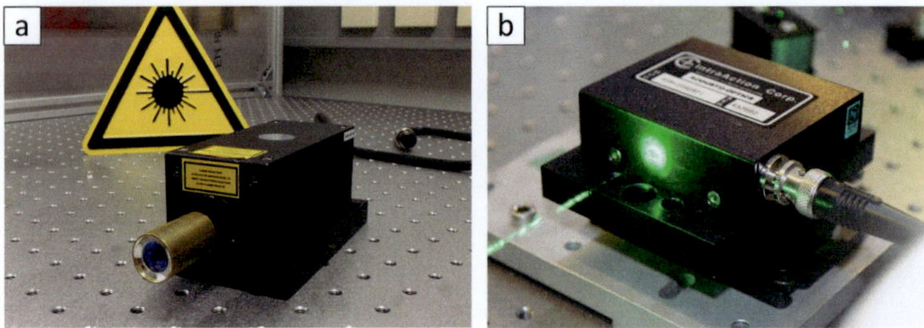

Abbildung 4.2 Laser und akustooptischer Modulator im Laserscanningsystem. a) Nd:YAG-Laser mit aufgeschraubtem Kollimator FSDL-532-1000T, Frankfurt Laser Company. b) Akustooptischer Modulator AOM-1002AF1, Polytec GmbH.

Tabelle 3 Technische Daten Nd:YAG-Laser FDSL-1060-532, Frankfurt Laser Company

Wellenlänge	532	nm
Max. Leistung	1,060	W
Strahldurchmesser	1,1	mm
Divergenz	1,5	mrad
Beugungsmaßzahl M^2	<2	
Signaltyp	Dauerstrich	

Der Laserstrahl wird mit dem akustooptischen Modulator (AOM-1002AF1, Polytec GmbH) aus Abbildung 4.2b moduliert. Die Funktionsweise eines AOMs ist in Abbildung 4.3 dargestellt. Ein AOM besteht aus einem Kristall oder Glas, das mit einer Ultraschallfrequenz angeregt wird. Die Ultraschallwelle bewirkt eine Schwankung der Massendichte und damit eine Schwankung des Brechungsindexes im Material. Eine einfallende optische Welle wird daher gebeugt. Unter einem bestimmten Winkel, dem sogenannten Braggwinkel, interferieren die gebeugten Wellen konstruktiv und die Intensität des gebeugten Strahls 1. Ordnung ist maximal [31]. Durch Variation der Intensität des Ultraschalls kann die Intensität des gebeugten Strahls eingestellt werden. Durch Ein- und Ausschalten des Ultraschallgenerators können Laserpulse erzeugt werden. Die Schaltzeit des AOMs ist begrenzt durch die Ausbreitungsgeschwindigkeit der Ultraschallwelle im Kristall und liegt bei einigen hundert Nanosekunden. Die technischen Daten des AOMs sind in Tabelle 4 aufgelistet.

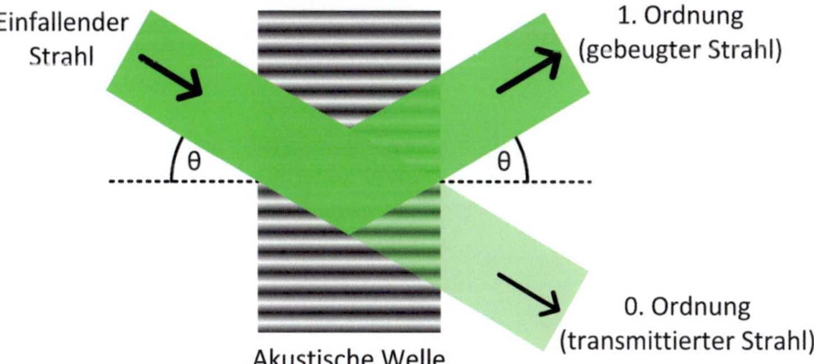

Abbildung 4.3 Funktionsprinzip eines AOMs: Einfallendes Licht wird an einer akustischen Welle gebeugt. Wenn der Einfallswinkel ϑ dem Braggwinkel entspricht, hat der gebeugte Strahl 1. Ordnung die maximale Intensität.

Tabelle 4 Technische Daten AOM-1002AF1, Polytec GmbH

Wellenlängenbereich	440–700	nm
Apertur	2	mm
Material	Flintglas	
Schallgeschwindigkeit	3630	m/s
Frequenz der akustischen Welle	100	MHz
Beugungswirkungsgrad	85	%
Schaltzeit (bei 1,5 mm Strahldurchmesser)	265	ns
Braggwinkel (bei Wellenlänge 532 nm)	7,3	mrad

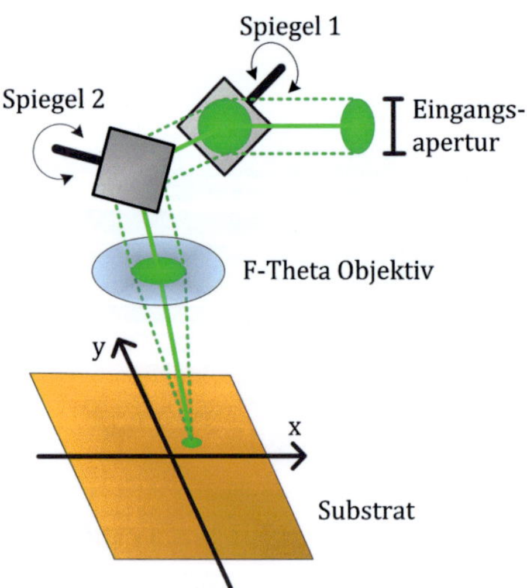

Abbildung 4.4 Schematische Darstellung des Scankopfes. Der Laserstrahl wird über zwei drehbare Spiegel abgelenkt und durch ein F-Theta-Objektiv auf das Substrat fokussiert. Über die Auslenkung der Spiegel wird der Laserfokus in x- und y-Richtung positioniert.

Der Durchmesser des Laserstrahls wird mit einem 10-fach Strahlaufweiter von ca. 1,1 mm auf ca. 11 mm vergrößert, so dass die Eingangsapertur des Scankopfes von 10 mm voll ausgenutzt wird. Die Ablenkung des Laserstrahls erfolgt über Spiegel, die mit Silber beschichtet sind, um maximale Reflexion zu gewährleisten (durchschnittlicher Reflexionsgrad >97,5 %).

Ein Scankopf (hurrySCAN 10, Scanlab AG) positioniert den Laserstrahl auf dem Substrat. Er enthält zwei drehbar gelagerte Spiegel, deren Winkel galvanometrisch verstellt werden kann. Über die beiden Spiegel wird der Laserstrahl abgelenkt und durch ein spezielles Objektiv auf das Substrat fokussiert. Das Funktionsprinzip des Scankopfes ist in Abbildung 4.4 skizziert.

Bei der Auswahl des Scankopfes musste zwischen den Aspekten Geschwindigkeit und Fokusgröße abgewogen werden. Die Eingangsapertur bestimmt den maximalen Durchmesser des einfallenden Laserstrahls. Je größer die Eingangsapertur, desto kleiner der Durchmesser des Laserfokus. Das wird aus der theoretischen Betrachtung in Abschnitt 2.3 ersichtlich. Jedoch sind bei einer großen Eingangsapertur entsprechend große Spiegel notwendig, um den Laserstrahl abzulenken. Je größer die Spiegel, desto langsamer ist die Positionierung bedingt durch Trägheit und Schleppverzug. Der gewählte Scankopf besitzt eine Eingangsapertur von 10 mm und stellt damit einen den Anforderungen entsprechenden Kompromiss dar. Die technischen Daten sind in Tabelle 5 aufgelistet.

Der Scankopf verfügt über eine automatische Selbstkalibrierung mit internem Sensorsystem, um damit Langzeitdrift und Temperaturdrift auszugleichen. Das Licht von Leuchtdioden strahlt die Rückseite der Spiegel an und wird über Fotodioden detektiert. Durch das Anfahren von Referenzpositionen wird z. B. die Nulllage eingestellt. Die Selbstkalibrierung dauert ca. 5 s und wurde so programmiert, dass sie während des Betriebes regemäßig durchgeführt wird.

Tabelle 5 Technische Daten Scankopf hurrySCAN 10, Scanlab AG

Eingangs-apertur	10	mm	Schleppverzug	<0,18	ns
Max. zulässiger Scanwinkel (ohne Objektiv)	±0,36	rad	Typische Positioniergeschwindigkeit	45	rad/s
Abweichung des Auslenkwinkels	<5	mrad	Maximale Positioniergeschwindigkeit	100	rad/s
Abweichung von der Nullposition	<5	mrad	Sprungantwort bei 1 % Vollausschlag	0,35	ms
Fehler der Orthogonalität	<1,5	mrad	Sprungantwort bei 10 % Vollausschlag	0,90	ms
Langzeitdrift über 8 h	<0,6	mrad	Max. zulässige Laserleistung (Dauerstrich)	30	W/cm²
Wiederhol-genauigkeit	<22	µrad	Zerstörschwelle (Pulsbetrieb, Wellenlänge 1064 nm, Pulsdauer 10 ns)	0,25	J/cm²

Tabelle 6 Technische Daten der F-Theta-Objektive bei Einsatz in Kombination mit dem Scankopf hurrySCAN 10, Scanlab AG.

	f_{55}	f_{100}
Nominelle Brennweite	55 mm	100 mm
Telezentrische Optik	ja	nein
Typische Arbeitsfeldgröße	27 mm × 27 mm	55 mm × 55 mm
Typische Positioniergeschwindigkeit	2,5 m/s	4,5 m/s
Max. Positioniergeschwindigkeit	5,6 m/s	10 m/s
Theoretischer Fokusdurchmesser ($1/e^2$) bei $M^2 = 1$	5,3 µm	9,7 µm
Arbeitsabstand (Strahleintritt Scankopf – Substrat)	140 mm	150 mm
Scanlab Teile Nr.	114381	100826

Um dem Laserstrahl zu fokussieren, wird eine spezielle Optik, ein sogenanntes F-Theta Objektiv, benötigt. Der Eintrittswinkel des Laserstrahls in die Optik ändert sich je nachdem, welche Stellung die Spiegel im Scankopf haben, aber der Laserfokus soll immer in der gleichen Ebene liegen. Die Brennweite dieses Objektivs hat entscheidenden Einfluss auf die Spezifikationen des Systems. Je größer die Brennweite, desto größer sind das Arbeitsfeld des Scankopfes und die Geschwindigkeit, aber desto größer sind auch der Laserfokusdurchmesser und die Positionierungenauigkeit. Das Lasersystem wurde so konstruiert, dass das F-Theta-Objektiv ohne großen Aufwand ausgetauscht werden kann. Der Abstand zwischen Scankopf und Substrat lässt sich über Stellschrauben verändern und so an eine andere Brennweite anpassen. Es wurden zwei F-Theta Objektive verwendet: f_{55} mit einer Brennweite von f = 55 mm und f_{100} mit einer Brennweite von f = 100 mm. Die genauen Spezifikationen sind in Tabelle 6 aufgeführt. Der Einfluss der beiden F-Theta Objektive auf den Laserfokus wird in Abschnitt 5.2.3 vermessen.

Das Substrat wird von einem Einlegerahmen gehalten und durch zwei Klemmen fixiert. Der Rahmen ist auf einem xy-Tisch (SCANplus 100 x 100, Märzhäuser Wetzlar GmbH & Co. KG) montiert. Dadurch kann das Substrat bewegt werden, was zur Positionserkennung (Abschnitt 4.1.4), zur Kalibrierung des Systems (Abschnitt 4.1.5) und zur Qualitätskontrolle über das eingebaute Mikroskop notwendig ist. Zusätzlich besteht die Möglichkeit, dass Flächen bearbeitet werden, die größer als das Arbeitsfeld des Scankopfes sind. Die technischen Daten des xy-Tisches sind in Tabelle 7 aufgeführt.

Tabelle 7 Technische Daten xy-Tisch, SCANplus 100 × 100 mit integriertem Messsystem , Märzhäuser Wetzlar GmbH & Co. KG

Verfahrbereich	100 mm × 100 mm	
Wiederholgenauigkeit	<1	µm
Genauigkeit	1	µm
Auflösung (kleinste Schrittweite)	0,05	µm
Orthogonalität	<48	µrad
Max. Verfahrgeschwindigkeit	0,24	m/s

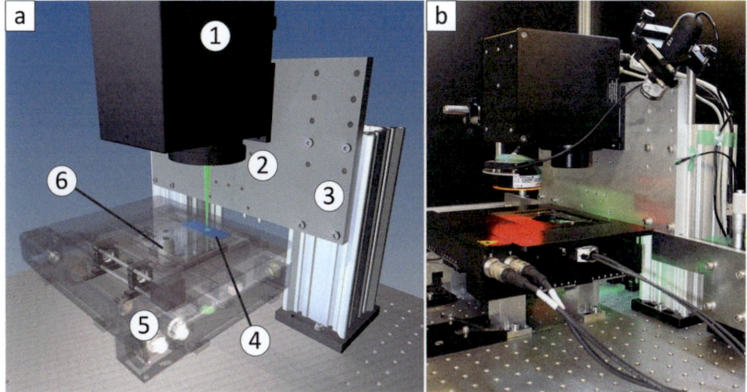

Abbildung 4.5 Optischer Aufbau des Laserscanningsystems a) CAD-Modell: Scankopf (1), F-Theta Objektiv f_{100} (2), höhenverstellbare Halterung für den Scankopf (3), Substrat (4), xy-Tisch (5), Mikroskop (6). b) Foto des Aufbaus mit F-Theta-Objektiv f_{55}: Die zusätzliche Kamera, oben rechts im Bild, dient der Prozessüberwachung, außerdem ist in der Bildmitte die rote LED zur Beleuchtung erkennbar.

Abbildung 4.6 Das Laserscanningsystem ist auf einem schwingungsgedämpften optischen Tisch aufgebaut. Ein Kasten aus Aluminiumplatten und spezielle Laserschutzfenster schützen den Anwender vor Laserstrahlung.

Zur Detektion der Position des Substrats, zur Qualitätskontrolle und zur Kalibrierung des Systems wurde ein einfaches Lichtmikroskop integriert. Es ist aus einer USB-Kamera (DCC1645C, Thorlabs GmbH), einer Tubuslinse und einem 4-fach Mikroskopobjektiv (PLN 4XCY, Olympus) aufgebaut. Die Kamera hat einen CMOS-Sensor mit 2080×1544 Pixeln und in Kombination mit der verwendeten Optik eine Auflösung von ca. 1,2 µm/Pixel. Die Beleuchtung des Substrats erfolgt über rote Leuchtdioden und kann entweder im Durchlichtmodus oder im Dunkelfeldmodus erfolgen. Das gesamte Laserscanningsystems ist in Abbildung 4.5 dargestellt.

Als Grundlage für den Aufbau wurde ein optischer Tisch (Optical Breadboard Performance Series, Thorlabs GmbH) mit den Maßen $1500 \, \text{mm} \times 900 \, \text{mm}$ verwendet. Der Unterbau des Tisches (Passive Isolation Frame Standard, Thorlabs GmbH) ist mit passiven, luftgefüllten Schwingungsdämpfern ausgestattet. Externe Vibrationen werden dadurch abgeschirmt. Schwingungen, die zum Beispiel durch mechanische Bewegungen innerhalb des Systems entstehen, werden gedämpft.

Der optische Aufbau wird durch einen Kasten (Länge × Breite × Höhe: $1500 \, \text{mm} \times 900 \, \text{mm} \times 750 \, \text{mm}$) aus Aluminiumplatten abgeschirmt (Abbildung 4.6). Der Anwender wird dadurch vor der Laserstrahlung geschützt und muss beim Arbeiten mit dem System keine Laserschutzbrille tragen. Zur Prozessbeobachtung ist der Kasten mit zwei Fenstern und entsprechender Laserschutzverglasung (Wellenlängenbereich >315-532, Schutzstufe DIR LB5 nach DIN EN 207:2009) versehen. Die beiden Klappen an der Vorderseite des Kastens sind mit jeweils zwei Kontaktschaltern gesichert. Beim Öffnen der Klappen werden die Kontakte unterbrochen und der Laser sofort abgeschaltet.

Für einen automatisierten Ablauf müssen AOM, Scankopf, xy-Tisch und Mikroskop gesteuert werden. Der Scankopf und der xy-Tisch sind jeweils über eine PCI-Karte mit dem Computer verbunden. Der AOM ist an einen analogen Ausgang der PCI-Karte des Scankopfes angeschlossen. Die Ansteuerung der Mikroskopkamera erfolgt über einen USB-Anschluss. Mit LabVIEW wurde ein Programm geschrieben, mit dem die einzelnen Komponenten des Lasersystems angesteuert werden. Der Anwender muss eine Matrix wie in Abbildung 4.7a erstellen, in der anhand von Zahlen definiert ist, welche Aminosäure an welcher Position des Arrays platziert werden soll. Für das Design von komplexen Peptidarrays mit mehreren tausend Spots existieren Computerprogramme (PepSlide Designer, SICASYS Software GmbH), die solche Matrizen entsprechend den Nutzervorgaben erzeugen. Neben der Matrix müssen die genaue Position des Arrays auf dem Substrat angeben werden, sowie die Laserleistung und die Pulsdauer, mit der die Partikelschicht bestrahlt werden soll. Das Ergebnis ist ein Muster aus fixierten Mikropartikeln in Form von angeschmolzenen Spots, wie in Abbildung 4.7b.

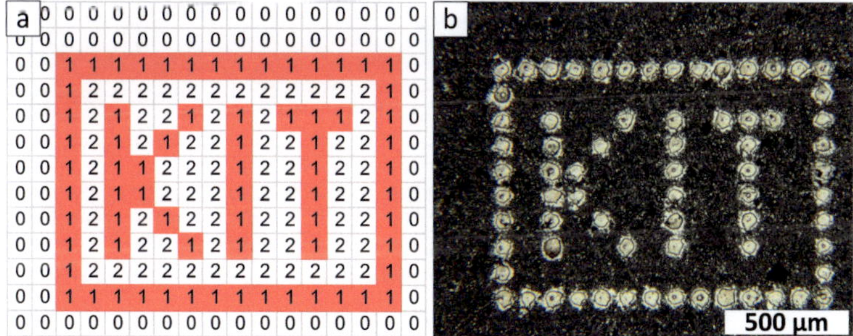

Abbildung 4.7 Das Lasersystem übersetzt eine Matrix in ein Spot-Muster aus angeschmolzenen Partikeln. a) Matrix, jede Zahl entspricht einer anderen Aminosäure. b) Partikelschicht auf einem Objektträger mit einem Spot-Muster aus angeschmolzenen Partikeln.

4.1.4   Positionserkennung

Vor der Peptidsynthese werden Positionsmarkierungen auf das Substrat aufgebracht. Diese müssen resistent gegenüber den bei der Peptidsynthese verwendeten Lösungsmitteln sein. Die Positionsmarkierungen werden deshalb mit dem gepulsten Laser, der in Abschnitt 4.2 beschrieben wird, direkt in das Glas geschrieben. Um die Verdrehung des Substrats mit ausreichender Genauigkeit zu bestimmen, sind mindestens zwei Markierungen mit >50 mm Abstand notwendig. Auf jedem Substrat kann eine beliebige Anzahl von Markierungen aufgebracht werden, um durch Mittelwertbildung die Genauigkeit der Positionserkennung zu erhöhen. Mit LabVIEW wurde ein Programm erstellt, das die Positionsmarken erkennt und die Korrektur eines potentiellen Offsets und Drehwinkels automatisiert. Für einen Objektträger mit vier Positionsmarken dauert die komplette Positionserkennung ca. 35 s.

Wie in Abbildung 4.8 zu sehen, besteht jede Positionsmarke aus 25 Kreisen. Zur Detektion der Markierungen wird vorzugsweise eine Dunkelfeldbeleuchtung eingesetzt, da das so erzeugte Bild einen höheren Kontrast aufweist und somit besser verarbeitet werden kann. Jeder Kreis wird einzeln detektiert und der jeweilige Schwerpunkt berechnet. Die Position der Markierung ergibt sich aus dem Mittelwert der Schwerpunkte der 25 Kreise. Das Programm erlaubt es, die Anzahl und Größe der Kreise zu variieren, sowie auch anderen Formen zu verwenden. Die Markierung wird nur erkannt, wenn sie den vorher definierten Spezifikationen entspricht, ansonsten wird eine Fehlermeldung ausgegeben.

Sobald sich die Markierung im Sichtfeld der Mikroskopkamera befindet, wird der xy-Tisch so lange bewegt, bis sich der Mittelpunkt der Markierung mit einer Genauigkeit von <0,1 Pixeln im Zentrum des Sichtfeldes befindet. Dieses Vorgehen hat mehrere Vorteile: eine Kalibrierung des Mikroskops (µm/Pixel) ist nicht notwendig und Fehler

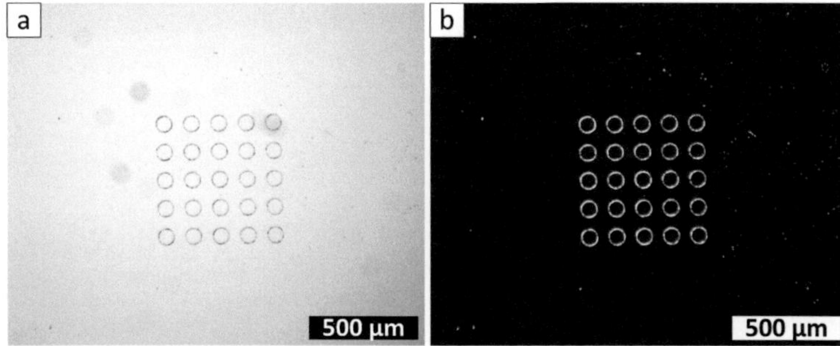

Abbildung 4.8 Positionsmarkierung bestehend aus 25 Kreisen mit jeweils 50 µm Durchmesser und 100 µm Pitch, aufgenommen mit dem integrierten Lichtmikroskop des Laserscanningsystems. a) Durchlichtbeleuchtung. b) Dunkelfeldbeleuchtung.

durch Verzerrungen im Bild, wie sie insbesondere in den Randbereichen auftreten können, werden eliminiert. Dadurch bedingt müssen keine hochwertigen optischen Komponenten im Mikroskop verbaut werden. Die Koordinaten des xy-Tisches werden abgefragt und als Position der Markierung gespeichert.

Vor Beginn einer Peptidsynthese muss jeder Objektträger registriert werden. Der Träger wird in das System eingelegt und mit dem xy-Tisch manuell verfahren, bis sich die erste Markierung im Sichtfeld der Kamera befindet. Die Markierung wird automatisch zentriert und die Position als Referenz unter der Identifikationsnummer des Objektträgers abgespeichert. Dies wird mit jeder weiteren Markierung auf dem Objektträger wiederholt.

Wird der Träger erneut eingelegt, so fährt der xy-Tisch automatisch an die vorher abgespeicherten Referenzpositionen. Die tatsächliche Position der Markierung sollte sich dann im Sichtfeld der Kamera befinden, da durch mechanische Anschläge die Positionsänderung des Objektträgers <500 µm sein sollte. Die tatsächlichen Positionen der Markierungen werden nun mit den Referenzpositionen verglichen und daraus Korrekturwerte für das Lasersystem berechnet.

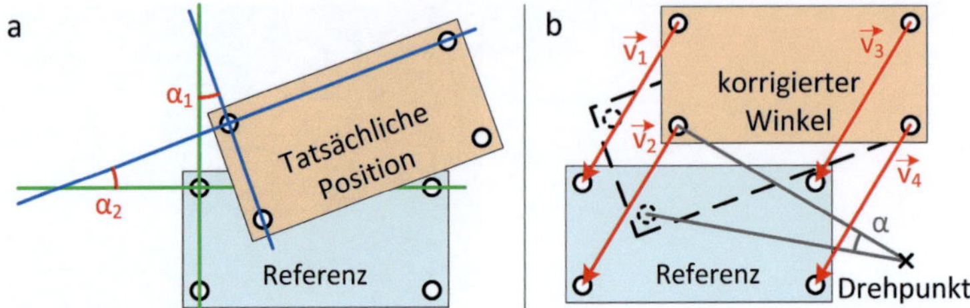

Abbildung 4.9 Prinzip der Positionskorrektur für ein Substrat mit vier Positionsmarkierungen. a) Die Winkel $\alpha_1, ..., \alpha_6$ werden bestimmt (aus Gründen der Übersichtlichkeit sind nur α_1 und α_2 eingezeichnet) und der Mittelwert α berechnet. b) Die Koordinaten des Substrats werden durch eine Drehung um dem Winkel α korrigiert und die Offsetvektoren $\vec{v}_1, ..., \vec{v}_4$, sowie deren Mittelwert $\vec{v}$ bestimmt.

Die Positionskorrektur läuft wie in Abbildung 4.9 beschrieben ab. Zuerst wird der Drehwinkel α des Substrats berechnet. Dafür werden jeweils zwei Markierungen mit einer Geraden verbunden und der Winkel α_i zwischen der tatsächlichen Geraden und der Referenzgeraden bestimmt. Bei vier Markierungen werden entsprechend sechs Winkel berechnet und anschließend der Mittelwert α gebildet.

Für die Berechnung des Offsetvektors $\vec{v}$ muss zunächst ein Drehpunkt gewählt werden. Als Drehpunkt des Systems wurde der Ursprung des Scankopf-Koordinatensystems gewählt. Die genaue Lage des Ursprungs wird im Rahmen der Kalibrierung (Abschnitt 4.1.5) regelmäßig neu bestimmt.

Die Koordinaten der tatsächlichen Position werden mit einer Drehung um den Winkel α um den Drehpunkt korrigiert. Anschließend werden die Koordinaten mit der Referenz paarweise verglichen und jeweils der Offset $\vec{v}_i$ bestimmt. Der Mittelwert der $\vec{v}_i$ ergibt den Offsetvektor $\vec{v}$. Der Offsetvektor $\vec{v}$ und der Drehwinkel α werden an den Scankopf weitergegeben. Das Koordinatensystem des Scankopfes wird per Software an die neue Orientierung des Substrats angepasst.

Da der Abstand zwischen zwei Markierungen konstant bleibt, kann dieser als Maß für die Genauigkeit der Detektion verwendet werden. Am Ende jeder Detektion werden die Abstände aller Markierung zu den jeweils anderen Markierungen berechnet und mit den Abständen der Referenz verglichen. Der sich daraus ergebende Mittelwert der Abweichungen, sowie die maximale Abweichung werden angezeigt und als Protokoll abgespeichert. Ist die auftretende Abweichung zu groß (>5 µm), wird die Positionserkennung wiederholt.

4.1.5   Kalibrierung

Eine Kalibrierung des Systems ist notwendig, damit das Koordinatensystem des xy-Tisches in das Koordinatensystem des Scankopfes transferiert werden kann und umgekehrt.

Die jeweilige Position des Objektträgers wird in den Koordinaten des xy-Tisches bestimmt. Bei einer Verschiebung oder Verdrehung des Trägers erfolgt die Korrektur jedoch im Koordinatensystem des Scankopfes. Folglich muss eine Koordinatentransformation zwischen beiden Koordinatensystemen möglich sein. Dazu müssen drei Parameter bekannt sein: die Position des Ursprungs, die Skalierung und der Winkel zwischen den Koordinatenachsen.

Die Kalibrierung muss in regelmäßigen Abständen wiederholt werden, insbesondere wenn Temperaturschwankungen auftreten. Dies zeigt eine Überschlagsrechnung mit der temperaturbedingten Längenausdehnung von Aluminium. Der Längenausdehnungskoeffizient von Aluminium ist $23{,}1 \cdot 10^{-6}\,\mathrm{K}^{-1}$ (bei 20°C) [58] und die Länge des optischen Aufbaus beträgt ca. 0,5 m. Eine Temperaturänderung von 0,5 K führt auf dieser Länge zu einer Längenänderung von >5 µm.

Ein weiterer kritischer Systemparameter ist die Winkeländerung des Laserstrahls, z. B. durch Veränderung der Spiegel. Die Länge des gesamten Strahlengangs beträgt ca. 1,20 m. Eine Winkeländerung von 4 µrad (≈0,0002°) führt bereits zu einer Abweichung von 5 µm.

Daher wurde in der Arbeit eine Kalibrierroutine entwickelt. Dazu wird ein mit Kohlenstoff beschichteter Objektträger in das System eingelegt. Der Rest der Kalibrierung erfolgt automatisch und dauert ca. 1 min. Zunächst wird ein Kalibriermuster in die Kohlenstoffschicht geschrieben. Das Muster ist in Abbildung 4.10 dargestellt und besteht aus fünf Markierungen. Der xy-Tisch bewegt den Objektträger und die Kamera detektiert und zentriert die Markierungen nach dem gleichen Prinzip wie bereits bei der Positionserkennung in Abschnitt 4.1.4 beschrieben. Aus den Positionen der fünf Markierungen wird die Lage des Ursprungs des Scankopf-Koordinatensystems berechnet. Außerdem wird der Winkel zwischen den Koordinatenachsen des xy-Tisches und den Koordinatenachsen des Scankopfes, sowie der Skalierungsfaktor bit/mm bestimmt. Der Skalierungsfaktor gibt an, wie viele bits bei der Ansteuerung des Scankopfes einem Millimeter Strecke in der xy-Ebene entsprechen.

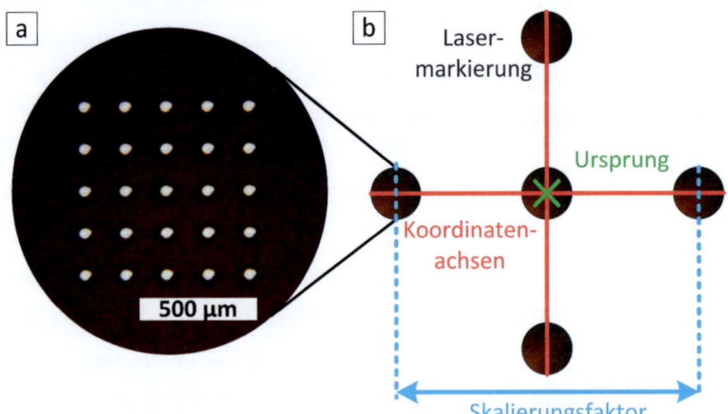

Abbildung 4.10 Lasermuster zur Kalibrierung. a) Lichtmikroskopaufnahme einer Lasermarkierung in einer Kohlenstoffschicht, bestehend aus 25 Punkten. b) Anhand von fünf Lasermarkierungen werden die Parameter zur Transformation zwischen dem Koordinatensystem des Scankopfes und dem Koordinatensystem des xy-Tisches berechnet.

Durch die Kalibrierung wird das System robust, da Änderungen in der räumlichen Anordnung der einzelnen Komponenten ausgeglichen werden können. Dies schließt den Laser, den AOM und sämtliche Spiegel, sowie den Scankopf, den xy-Tisch und die Mikroskopkamera mit ein.

4.2 Gepulster Laser

Das Lasersystem mit dem gepulsten Laser wurde für den Combinatorial Laser Transfer (Abschnitt 1.5) aufgebaut, um Partikel durch das Prinzip der Laserablation zwischen zwei Substraten zu übertragen. Wichtig ist eine kurzzeitige, hohe Strahlintensität, um eine Stoßwelle zu erzeugen.

Im Gegensatz zum Combinatorial Laser Fusing ging es beim Aufbau des Systems nicht um die Optimierung eines Prozesses, sondern um die Neuentwicklung eines Prozesses. Entsprechend konnte die Liste der Anforderungen nicht so umfangreich definiert werden, da kaum Erfahrungswerte existierten. Bis auf ein inverses Mikroskop, das als Grundlage für das System dient, wurden auch bei diesem Aufbau alle Komponenten im Rahmen dieser Arbeit gemäß den Anforderungen ausgewählt und neu beschafft.

4.2.1 Anforderungen

Laser

Es wird ein gepulster Laser benötigt. Die Anforderungen an die Laserparameter wurden aus Vorexperimenten mit verschiedenen gepulsten Lasern am IMT und am Deutschen Krebsforschungszentrum (DKFZ) abgeschätzt: Pulsenergie im Bereich von μJ, sowie Pulsdauer im Bereich von ns. Die Wellenlänge soll 532 nm betragen, so dass der

Laser kompatibel mit den optischen Komponenten im Laserscanning-system (Abschnitt 4.1) ist und im Bedarfsfall dort eingebaut werden kann.

Ausrichten von Substraten

Zwei Substrate müssen präzise zueinander ausgerichtet werden, um deren Strukturen für den Lasertransfer deckungsgleich zu bekommen. Dabei soll eine Translation in x- und y-Richtung, sowie eine Drehung um die z-Achse möglich sein.

Positionierung des Laserstrahls

Der Laserfokus soll mit wenigen µm Genauigkeit auf dem Substrat positioniert werden können. Damit ohne großen Aufwand eine größere Anzahl von Strukturen bearbeitet werden kann, soll die Positionierung automatisch erfolgen. Die Positioniergenauigkeit soll bei einigen µm und der Stellweg so groß sein, dass Standardobjektträger bearbeitet werden können. Die Positioniergeschwindigkeit ist nachrangig, da zunächst Erfahrungen mit der Methode des Combinatorial Laser Transfers gewonnen werden sollen.

4.2.2 Teilbereiche

Die Zerlegung des Systems in Teilbereiche ergibt ähnliche Problem-stellungen wie beim Laserscanningsystem in Abschnitt 4.1.2 und wird deshalb an dieser Stelle nicht so ausführlich diskutiert.

Da die Geschwindigkeit des Systems vorerst eine niedrigere Priorität hat, wurde die Positionierung des Laserstrahls über ein bewegliches Substrat gelöst. Um zwei Substrate gegeneinander auszurichten, wurde eine spezielle Substrathalterung entwickelt. Einzelne Laserpul-se lassen sich über ein Triggersignal auslösen und die Laserleistung lässt sich in gewissen Grenzen über den Pumpstrom regeln. Ein externer Modulator wird deshalb nicht benötigt. Bei Bedarf können zusätzlich Absorptionsfilter in den Strahlengang eingebracht werden. Da der Aufbau in ein inverses Mikroskop integriert wird, kann die Kontrolle der Substratposition über die vorhandene Optik erfolgen. Positionsmarkierungen können bei Bedarf direkt mit dem gepulsten Laser erzeugt werden. Bei der Verwendung von mikrostrukturierten Substraten sind keine Markierungen notwendig, da die Position des Substrats anhand der Mikrostrukturen erkannt werden kann.

4.2.3 Aufbau

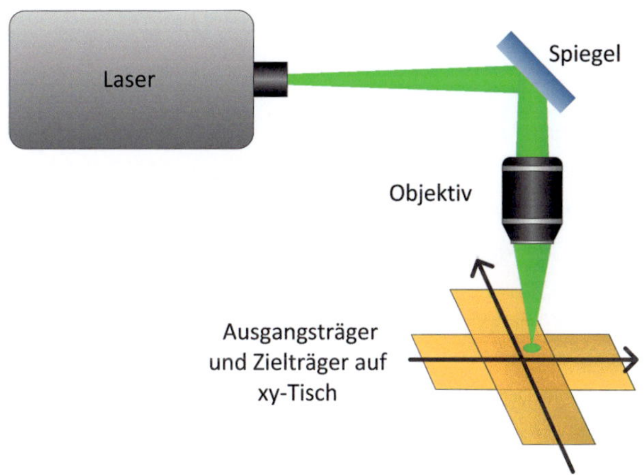

Abbildung 4.11 Strahlengang des Lasersystems mit gepulstem Laser. Der Laserstrahl wird über Spiegel gelenkt und über ein Objektiv auf das Substrat fokussiert. Das Substrat kann über einen xy-Tisch bewegt werden.

Der optische Aufbau mit dem gepulsten Laser ist in Abbildung 4.11 skizziert. Der Strahlengang ist dabei vereinfacht dargestellt. Das System ist auf einem schwingungsgedämpften optischen Tisch (PerformancePlus Breadboard mit HD Passive Frame, Thorlabs GmbH, Maße 1200 mm × 750 mm) montiert. Der Strahlengang des Lasers verläuft, soweit möglich, in schwarz eloxierten Aluminiumrohren. Da dies jedoch nicht vollständig möglich ist und insbesondere der

Bereich, in dem das Substrat bestrahlt wird, nicht abgeschirmt werden kann, muss beim Betrieb des gepulsten Lasers immer eine geeignete Laserschutzbrille (Schutzstufe 532 nm D L5 + I L9) getragen werden.

In dem System kamen nacheinander zwei gepulste frequenzverdoppelte Nd:YAG-Laser mit Wellenlänge 532 nm zum Einsatz. Zuerst der QL532-500-YG von CrystaLaser, aufgrund von Problem mit der Strahlqualität bzw. der TEM-Mode musste dieser jedoch ausgetauscht werden. Es wurde stattdessen der MATRIX 532-7-30 von Coherent, Inc. eingebaut. Die technischen Daten beider Laser sind in Tabelle 8 aufgeführt. Die Intensität des Laserstrahls kann entweder über den Strom der Pumpdiode oder über verschiedene Absorptionsfilter gesteuert werden. Beide Laser können in verschiedenen Modi betrieben werden. Entweder werden Laserpulse dauerhaft in einer festen Frequenz abgegeben oder durch ein Triggersignal werden einzelne Pulse oder Pulsfolgen ausgelöst. Beim MATRIX 532-7-30 ist des Weiteren ein Betrieb im Dauerstrichmodus möglich, was insbesondere beim Justieren des Lasers hilfreich ist.

Über Spiegel wird der Laserstrahl in ein umgebautes inverses Lichtmikroskop (Axiovert-35, Carl Zeiss AG) geleitet. Dort wird der Laserstrahl durch ein 20-fach Mikroskop Objektiv (LMH-20X-532, Thorlabs GmbH), das für hohe Lichtintensitäten bei einer Wellenlänge von 532 nm ausgelegt ist, auf dem Substrat fokussiert.

Als Substrathalterung dient die spezielle Konstruktion aus Abbildung 4.12a, die in Zusammenarbeit mit der Firma Märzhäuser Wetzlar entwickelt wurde und mit der zwei Objektträger gegeneinander ausgerichtet werden können. Damit auch kleinere Substrate im Format 10 mm × 10 mm verwendet werden können, wurde der Adapter aus Abbildung 4.12b konstruiert. Die Substrathalterung mitsamt den beiden Substraten kann über einen motorischen Mikroskoptisch (SCAN IM 130×100, Märzhäuser Wetzlar GmbH & Co. KG) in x- und y-Richtung bewegt werden.

Tabelle 8 Technische Daten der beiden gepulster Nd:YAG-Laser

	MATRIX 532-7-30, Firma Coherent		QL532-500-YG, Firma CrystaLaser	
Wellenlänge	532	nm	532	nm
Max. Pulsenergie	325	µJ	100	µJ
Pulsdauer	<26	ns	<25	ns
Max. mittlere Strahlleistung	8 (bei 60 kHz)	W	0,505 (bei 20 kHz)	W
Wiederholrate	≤60	kHz	≤100	kHz
Strahldurchmesser	0,23	mm	0,35	mm
Divergenz	4,2	mrad	3-4	mrad
Beugungsmaßzahl M^2	<1,3		<1,2	
Signaltyp	Dauerstrich/Pulse		Pulse	

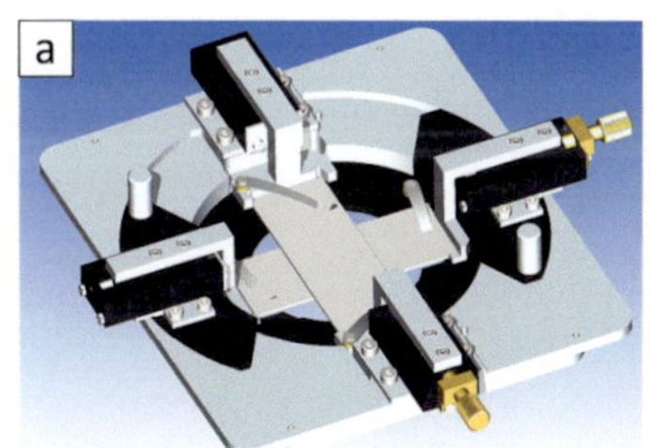
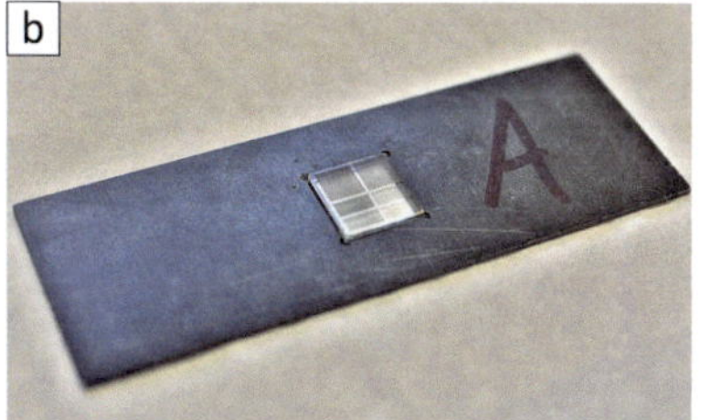

Abbildung 4.12 Vorrichtungen zur Positionierung von zwei Substraten. a) CAD-Modell der Substrathalterung: Zwei Objektträger werden mit Federn aufeinander gedrückt, über Stellschrauben kann ihre relative Position zueinander in zwei Dimensionen eingestellt werden (Stellweg jeweils 2 mm), weiterhin kann der Winkel eingestellt werden (±30 °). b) Adapter im Objektträgerformat für mikrostrukturierte Glaschips im Format 10 mm × 10 mm. [59]

Das inverse Mikroskop ist mit einer CMOS-Kamera ausgestattet (UI-1240LE-C-HQ, IDS Imaging Development Systems GmbH). Zum Schutz des CMOS-Chips vor Laserstrahlung ist vor der Kamera ein Filter angebracht (FEL0550 Longpass Filter, Cut-On Wavelength 550 nm, Thorlabs GmbH). Das Substrat kann von unten betrachtet werden, während es mit dem Laser bearbeitet wird. Als Durchlichtquelle wird das Licht einer Leuchtdiode (Wellenlänge 625 nm, Strahlleistung 330 mW) über einen wellenlängenselektiven Spiegel (45° Red Reflector, Thorlabs GmbH) in den Strahlengang eingekoppelt. Der Spiegel reflektiert Strahlung ab einer Wellenlänge von ca. 580 nm, während kurzwelligeres Licht transmittiert wird, so bleibt der Strahlengang des Lasers unbeeinflusst.

Der gesamte Aufbau wurde am Computer als CAD-Modell geplant und die passenden Verbindungselemente bestellt bzw. zur Fertigung in der hauseigenen Werkstatt in Auftrag gegeben. Der fertige Aufbau ist in Abbildung 4.13 dargestellt.

Die Ansteuerung des Systems erfolgt über ein LabVIEW-Programm. Das Steuergerät des MATRIX 532-7-30 ist über eine serielle Schnittstelle mit dem Computer verbunden und der motorische Mikroskoptisch über eine PCI-Karte. Einzelne Laserpulse werden über die parallele Schnittstelle des Computers getriggert. Wie bei der Ansteuerung des Laserscanningsystems aus Abschnitt 4.1.3 kann eine Matrix geladen werden, die definiert, welche Punkte auf dem Substrat bestrahlt werden sollen.

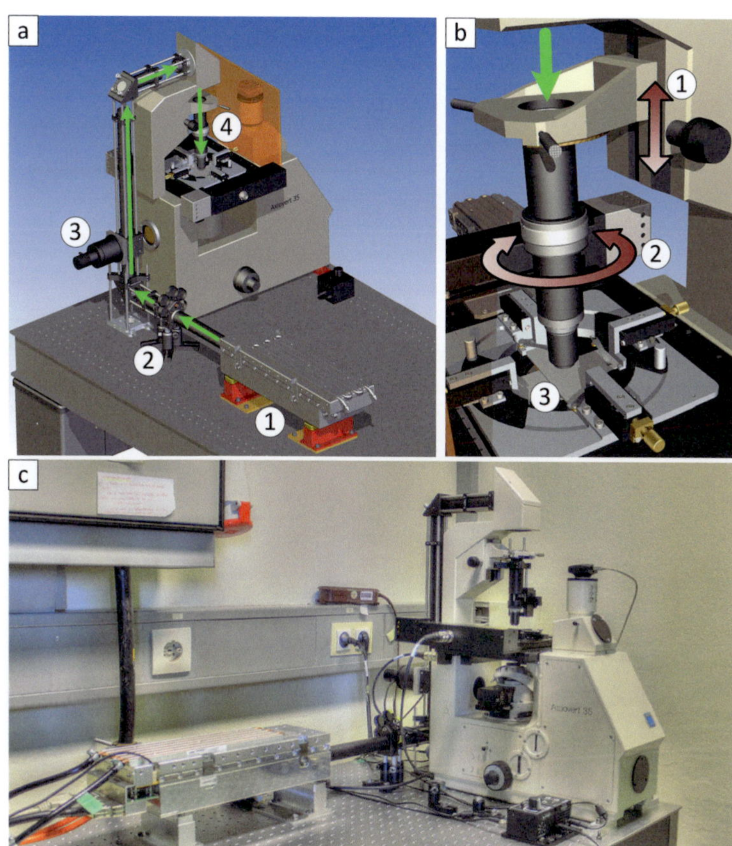

Abbildung 4.13 Aufbau mit gepulster Laser MATRIX 532-7-30 und inversem Mikroskop Zeiss Axiovert 35. a) CAD-Modell: Der Strahl wird vom Laserkopf (1) emittiert und durchläuft einen Revolver (2) mit unterschiedlichen Absorptionsfiltern. Über einen speziellen Spiegel wird eine LED (3) in den Strahlengang eingekoppelt, bevor der Laserstrahl die Fokussiereinheit (4) erreicht. b) Detailaufnahme der Fokussiereinheit bestehend aus einem Schlitten (1) für die Grobeinstellung und einem Helikalauszug (2) für die Feineinstellung. Mit einem speziellen Objektiv wird der Laser auf das Substrat (3) fokussiert [59]. c) Foto des Aufbaus.

5 Ergebnisse

Im Folgenden werden die Experimente beschrieben, die zum Combinatorial Laser Fusing und zum Combinatorial Laser Transfer durchgeführt wurden. In separaten Abschnitten des Kapitels werden die Experimente zum Einfluss der Laserstrahlung auf Partikel und Syntheseoberflächen dargestellt und die Erzeugung von Positionsmarkierungen auf Glassubstraten mit dem gepulsten Laser beschrieben.

5.1 Combinatorial Laser Fusing

Beim Combinatorial Laser Fusing werden Partikel mit dem Laser angeschmolzen und so auf dem Substrat fixiert. Die folgenden Experimente wurden mit dem Lasermikrodissektionsgerät (Abschnitt 3.4) und dem Laserscanningsystem (Abschnitt 4.1) durchgeführt

5.1.1 Anschmelzen von Partikeln

Mit der Beschichtungsanlage aus Abschnitt 3.3 wurden unterschiedliche Substrate mit Partikeln belegt und anschließend mit dem Laser bestrahlt. Abbildung 5.1 zeigt eine Partikelschicht auf einem Glasobjektträger, die mit dem Lasermikrodissektionsgerät bestrahlt wurde. Die geschmolzenen Partikeln bilden halbkugelförmige Spots.

Das Anschmelzen der Partikel ist, wie schon in Abschnitt 2.4 beschrieben, von vielen Parametern abhängig. Dazu zählen die Laserparametern (Intensität, Pulsdauer, Laserfokusdurchmesser), die Partikelschichten (Schichtdicke, Porosität) und die Eigenschaften der Partikel (Größenverteilung, thermische und optische Eigenschafen). Je nach Partikelsorte und Schichtdicke mussten andere Laserparameter gewählt werden, um Spots in der gewünschten Größe zu erhalten. Für das Laserscanningsystem wurde deshalb ein spezieller Betriebsmodus programmiert. Dabei werden die Laserpulsdauer und die Laserleistung systematisch variiert (siehe Abbildung 5.2). Die Spots sind immer in Blöcken von 10 × 10 angeordnet. Bei der Analyse der Spots unter dem Mikroskop können so schnell die passenden Laserparameter für eine bestimmte Spotgröße ausgewählt werden. Grundsätzlich gilt: Je größer die Laserleistung und die Pulsdauer, desto größer sind die erzeugten Spots.

Abbildung 5.3 zeigt eine Partikelschicht, die mit dem Laserscanningsystem und dem F-Theta Objektiv f_{100} bearbeitet wurde. Die Laserleistung und damit die Spotgröße wurde an den jeweiligen Pich angepasst. Da die Partikel eine statistische Größenverteilung aufweisen und in einer typischen Partikelschicht zufällig angeordnet sind, variieren auch Größe und Form der Spots. Bei kleineren Spots fallen die statistischen Variationen prozentual stärker ins Gewicht, da diese aus einer kleineren Anzahl Partikel bestehen. Neben der Größe variiert auch die Position der Spots.

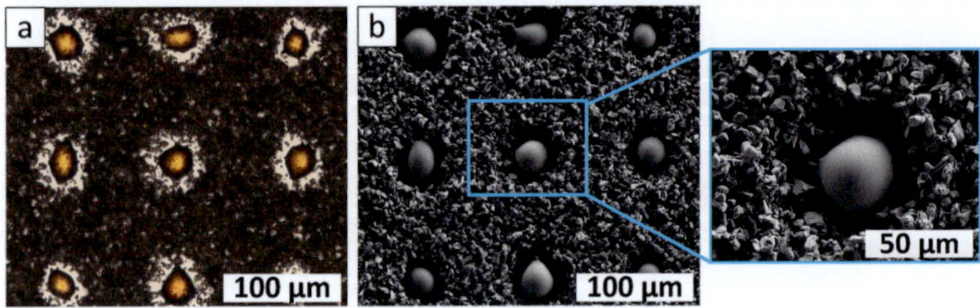

Abbildung 5.1 Angeschmolzene Spots in einer Partikelschicht (Histidinpartikel hergestellt mit der Luftstrahlmühle, Median 4,3 µm). a) Lichtmikroskopaufnahme. b) REM-Aufnahme.

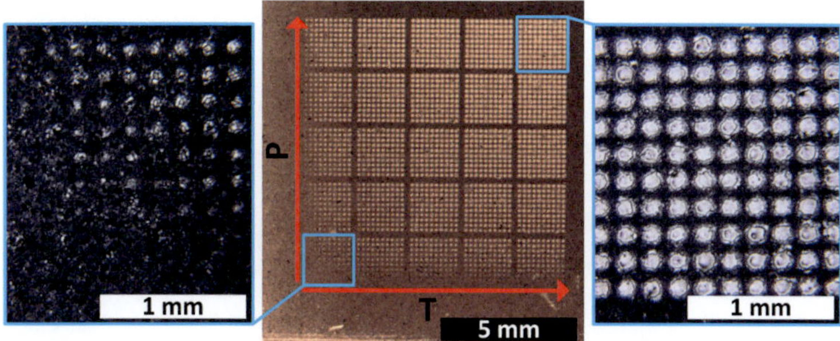

Abbildung 5.2 Variation der Laserparameter: Pulsdauer T in 50 Schritten von 0,2 ms bis 10 ms und Laserleistung P in 50 Schritten von 2 % bis 100 %. Die Partikelschicht (Schichtdicke ca. 13,5 µm) besteht aus Testpartikeln aus der Luftstrahlmühle ohne Aminosäuren (Median 4,5 µm).

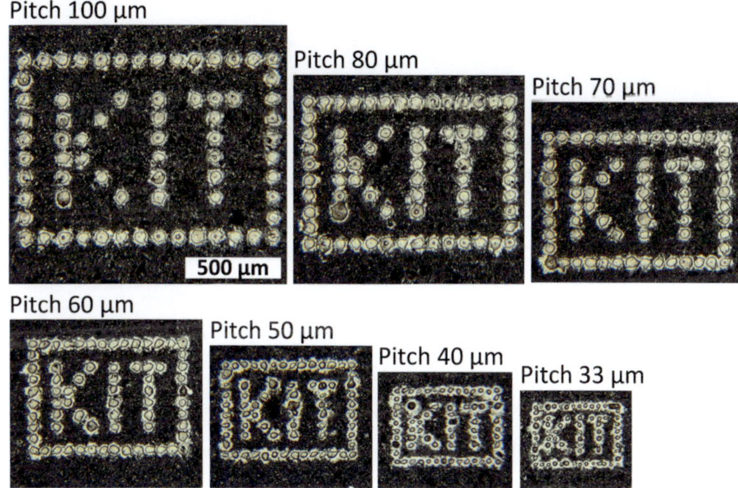

Abbildung 5.3 Angeschmolzenen Spots mit unterschiedlichem Pitch in einer Partikelschicht aus Biotinpartikeln (Median 5,0 µm). Die Laserparameter wurden an den jeweiligen Pitch angepasst (Pulsdauer jeweils 5 ms, Laserleistung zwischen 30 und 100 %).

Je unregelmäßiger die Partikelschicht war, desto unregelmäßiger wurden auch die erzeugen Spots. Um reproduzierbare Ergebnisse zu erhalten, müssen deshalb Partikelagglomerate bei der Beschichtung von Substraten vermieden werden

Zur quantitativen Analyse der Spots wurde der Äquivalenzradius r_{aq} verwendet, der sich aus Grundfläche A_{Spot} ergibt:

$$r_{aq} = \sqrt{\frac{A_{Spot}}{\pi}}$$

Formel 5.1

Abbildung 5.4 zeigt den Einfluss der Partikelschichtdicke auf den Äquivalenzradius der Spots. Die für das Experiment verwendeten Partikelschichten wurden im Rahmen von [53] hergestellt und deren Schichtdicke vermessen. Die Schichten wurden mit dem Laserscanningsystem mit F-Theta Objektiv f_{100} bearbeitet. Je dicker die Partikelschicht, desto größer sind die entstehenden Spots. Dies deckt sich mit den Überlegungen aus Abschnitt 2.4.

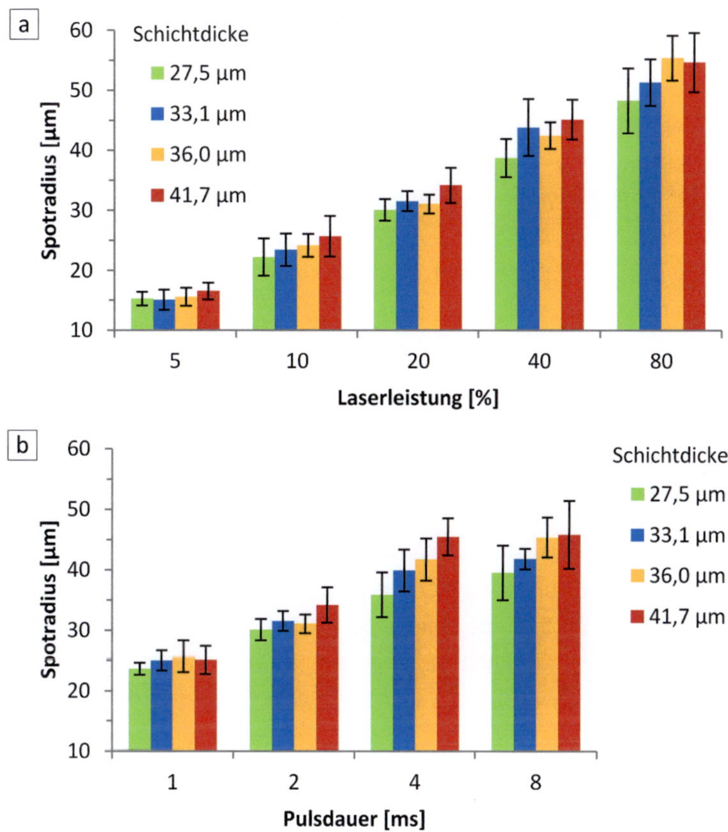

Abbildung 5.4 Äquivalenzradius der Spots bei unterschiedlichen Partikelschichtdicken. a) Konstante Pulsdauer 2 ms. b) Konstante Laserleistung 20 %.

5.1.2 Reinigung

Beim Combinatorial Laser Fusing ist das Reinigen des Trägers von losen Partikeln genauso wichtig wie das Fixieren der Partikel mit dem Laser. Der Reinigungsschritt muss selektiv erfolgen, das bedeutet, angeschmolzene Spots müssen auf dem Substrat verbleiben, während nicht bestrahlte Partikel möglichst vollständig entfernt werden müssen. Eine selektive Reinigung wird durch die unterschiedliche

Adhäsion von Partikeln und angeschmolzenen Spots ermöglicht. Dies wurde im Rahmen der Abschätzung in Abschnitt 2.6 näher betrachtet.

Bei der Reinigung des Substrats mit Druckluft werden kaum angeschmolzene Spots abgelöst. Eine Analyse der angeschmolzenen Spots aus der Dipeptidsynthese auf einer 10:90 PEGMA-co-MMA Oberfläche aus Abschnitt 5.1.5 ergab, dass 99,6 % der Spots auf dem Substrat haften blieben. Dabei wurden insgesamt ca. 2000 Spots aus verschiedenen Mustern mit Pitch zwischen 40 und 100 µm ausgewertet.

Bei der Reinigung mit Wasser aus der Spritzflasche werden nur geringfügig mehr Spots abgelöst. Bei der Synthese mit Biotinpartikeln auf einer AEG_3-Oberfläche aus Abschnitt 5.1.4 blieben 96,0 % von 1225 zufällig ausgewählten Spots haften.

Der Anteil der abgelösten Spots im Ultraschallbad ist abhängig von der Reinigungsdauer und der Größe der Spots. Bei der Dipeptidsynthese aus Abschnitt 5.1.5 wurde eine 10:90 PEGMA-co-MMA Oberfläche für 10 s in Wasser im Ultraschallbad gereinigt. Das Ergebnis der Analyse ist in Tabelle 9 aufgeführt. Es wurden jeweils zwischen 500 und 1000 Spots ausgewertet. Je kleiner der Pitch und damit auch je kleiner die Spots, desto höher ist der Anteil der abgelösten Spots. Auf eine Reinigung der Substrate im Ultraschallbad von länger als 10 s sollte verzichtet werden, da dadurch der Großteil der angeschmolzenen Spots entfernt wird. So waren auf einer AEG_3-Oberfläche nach 1 min nur noch 29 % der Spots mit Pitch 100 µm vorhanden. Muster mit kleinerem Pitch waren komplett abgelöst.

Tabelle 9 Anteil der angeschmolzenen Spots auf einer 10:90 PEGMA-co-MMA-Oberfläche nach der Reinigung im Ultraschallbad für 10 s.

Pitch [µm]	100	80	70	60	50	40
Anteil Spots [%]	100,0	100,0	94,0	80,5	78,7	67,8

Die Oberfläche der Träger hat Einfluss auf die Adhäsion und damit auf die Menge der Partikel, die nach der Reinigung auf der Oberfläche verbleiben und diese kontaminieren. Um dies quantitativ zu erfassen, wurden Objektträger mit PEGMA, 10:90 PEGMA-co-MMA und AEG$_3$-Oberfläche (für Details zu den Oberflächen siehe Abschnitt 3.2) mit Partikeln beschichtet. Anschließend wurden die Partikel in mehreren Schritten entfernt: mit einem Luftstrom aus einer Druckluftpistole (2 bar Druck), mit Wasser aus einer Spritzflasche und in Wasser in einem Ultraschallbad (Elmasonic S 100 H, Elma Hans Schmidbauer GmbH). Nach jedem Reinigungsschritt wurde die Menge der verbleibenden Partikel auf den Objektträgern bestimmt. Dazu wurden mit einem Lichtmikroskop Aufnahmen gemacht und die noch mit Partikeln kontaminierte Fläche anhand der Grauwerte bestimmt.

Abbildung 5.5 zeigt das Ergebnis der Analyse. Auf der PEGMA-Oberfläche blieben mit Abstand am meisten Partikel zurück. Nach der Reinigung mit Druckluft waren durchschnittlich noch 48 % der Fläche mit Partikeln bedeckt. Dies lässt sich mit der Struktur der Oberfläche erklären. Da es sich um einen relativ dicken Film (100-150 nm) mit einer dreidimensionalen Struktur aus verzweigten Polymerketten handelt, ist die Kontaktfläche zwischen Partikeln und Oberfläche relativ groß und damit auch die Adhäsionskraft. Für eine Synthese mit Combinatorial Laser Fusing sind die PEGMA-Oberflächen deshalb nicht geeignet.

Auf der 10:90 PEGMA-co-MMA-Oberfläche blieben deutlich weniger Partikel zurück. Nach der Reinigung im Ultraschallbad für 10 s betrug der mit Partikeln kontaminierte Flächenanteil noch ca. 3 %. Ähnliche Werte wurden mit der AEG$_3$-Oberfläche erreicht. Bestand der Reinigungsschritt nur aus der Anwendung von Druckluft oder dem Abspülen mit Wasser, so war die kontaminierte Fläche mit 8 % bzw. mit 7 % bei der AEG$_3$-Oberfläche am kleinsten. Entsprechend empfehlen sich die 10:90 PEGMA-co-MMA und die AEG$_3$-Oberflächen für die Herstellung von Peptidarrays mit Combinatorial Laser Fusing.

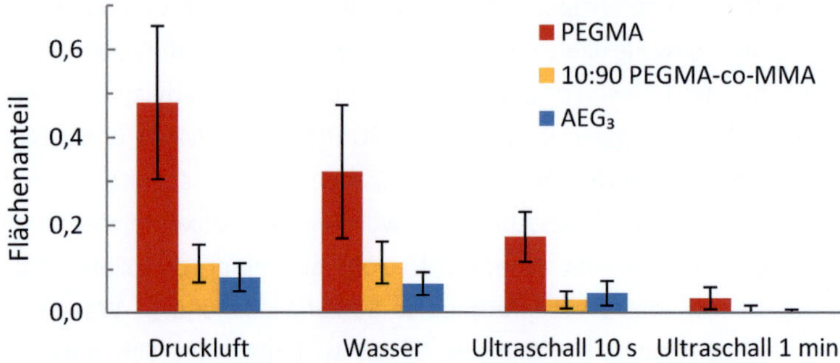

Abbildung 5.5   Kontaminationen auf unterschiedlichen Oberflächen nach verschiedenen Reinigungsschritten.

Bei einem Pitch von 70 µm oder mehr und entsprechend großen Spots, empfiehlt sich ein zusätzlicher kurzer (10 s) Reinigungsschritt im Ultraschallbad, um Kontaminationen zu verringern. Ist der Anteil der abgelösten Spots zu groß, können einzelne Syntheseschritte wiederholt werden. Dazu werden nach dem Kupplungsschritt wie gewohnt die Waschschritte durchgeführt. Auf das Blocken freier Aminogruppen und das Entfernen der Fmoc-Schutzgruppe wird jedoch verzichtet. Stattdessen wird der Träger wieder mit Partikeln beschichtet und das Anschmelzen der Partikel mit dem Laser wiederholt.

Die Reinigung der Substrate von losen Partikeln wurde im Rahmen dieser Arbeit nicht weiter optimiert. Für die zukünftige Entwicklung des Verfahrens ist dies jedoch ein wichtiger Aspekt, bei dem noch Forschungsbedarf besteht.

5.1.3   Synthese von FLAG und HA

Vor dem Aufbau des Laserscanningsystems wurde bereits mit dem Lasermikrodissektionsgerät eine einfache Peptidsynthese durchgeführt. Damit sollte zum einen der grundsätzliche Beweis erbracht werden, dass die Methode des Combinatorial Laser Fusing zur Herstellung von Peptidarrays geeignet ist und zum anderen Erfahrungen für den Aufbau des Laserscanningsystems gesammelt werden. Das Ergebnis der Synthese wurde zur Veröffentlichung eingereicht [6].

Für die Synthese wurden zwei Aminosäuresequenzen ausgewählt: Tyr-Pro-Tyr-Asp-Val-Pro-Asp-Tyr-Ala (Hämagglutinin oder HA) und Asp-Tyr-Lys-Asp-Asp-Asp-Asp-Lys (FLAG). Diese beiden Peptide lassen sich mit spezifischen Antikörpern detektieren und bilden ein Modellsystem, um den Erfolg der Synthese nachzuweisen. Außerdem sind die Ergebnisse direkt vergleichbar, da die Synthese von FLAG und HA bereits in zahlreichen anderen Publikationen durchgeführt wurde [16, 20, 60, 61].

Es wurden Glasobjektträger mit AEG_3-Oberfläche verwendet, sowie Aminosäurepartikel aus der Luftstrahlmühle. Insgesamt waren sechs verschiedene Partikelsorten notwendig (Aminosäuren: Ala, Asp, Lys, Pro, Tyr und Val), um die beiden Sequenzen herzustellen. HA ist mit neun Aminosäuren die längere der beiden Sequenzen. Entsprechend wurde der Synthesezyklus neun Mal durchlaufen.

Zum Anschmelzen und Fixieren der Partikel mit dem Infrarotlaser wurde jeder Spot 10 ms lang mit einer Leistung zwischen 40 und 80 mW bestrahlt. Lose Partikel wurden mit einem Luftstrom entfernt. Es wurden verschiedene Muster mit einem Pitch von 50 µm erzeugt. Dies entspricht einer Spotdichte von 40.000 cm^{-2}.

Nach erfolgter Peptidsynthese und dem Entfernen der Seitenschutzgruppen wurden monoklonale Anti-FLAG-Antikörper auf das Array aufgebracht. Diese wurden mit fluoreszenzmarkierten Sekundärantikörpern gefärbt. Anschließend wurden monoklonale Anti-HA-Antikörper aufgebracht und wieder mit fluoreszenzmarkierten Sekundärantikörpern gefärbt. Das Array wurde dann mit einem Fluoreszenzscanner (Agilent Scanner G2505C, Auflösung 5 µm/Pixel) mit zwei Anregungswellenlängen (532 nm und 633 nm) gescannt. Ein ausführliches chemisches Protokoll befindet sich in Anhang A1.

Das Ergebnis des Fluoreszenzscans ist in Abbildung 5.6 dargestellt. Da die zweite Färbung mit fluoreszenzmarkierten Sekundärantikörpern sowohl an die Anti-FLAG-Antikörper, als auch an die Anti-HA-Antikörper bindet, erscheinen die FLAG-Spots in gelb, während die HA-Spots grün sind. Auffällig ist die unterschiedliche Größe der Spots. Alle in der Synthese verwendeten Partikelsorten hatten eine Größenverteilung mit einem Median zwischen 3 und 5 µm. Nur die der Partikel mit Alanin hatten mit 2,5 µm einen deutlich kleineren Median. Mit diesen Partikeln konnte eine besonders dünne Partikelschicht auf das Substrat aufgebracht werden und entsprechend waren die angeschmolzenen Spots deutlich kleiner. Da die Aminosäure Alanin nur in der Sequenz von HA vorkommt, sind die HA-Spots im Ergebnis mit bis zu 10 µm Durchmesser deutlich kleiner.

Das Experiment zeigt, dass mit Combinatorial Laser Fusing prinzipiell hochdichte Peptidarrays hergestellt werden können (40.000 cm^{-2}). Die erfolgreiche Bindung der spezifischen Antikörper beweist, dass tatsächlich die gewünschten Aminosäuresequenzen erzeugt wurden.

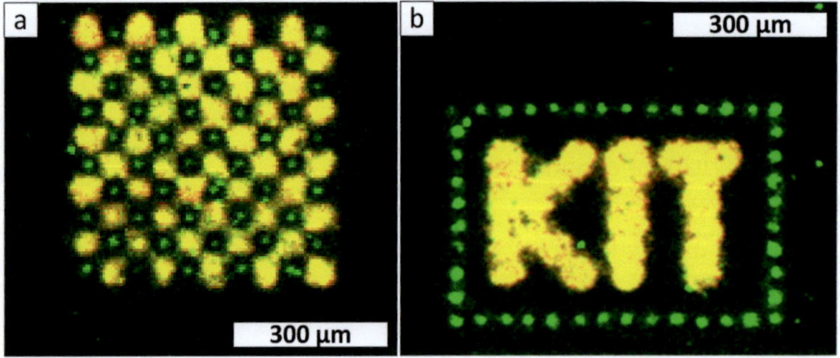

Abbildung 5.6 Fluoreszenzmarkierte Peptidarrays mit den Aminosäuresequenzen FLAG (gelb) und HA (grün). Der Pitch der Arrays beträgt jeweils 50 µm. a) Schachbrettmuster, der minimale Durchmesser der HA-Spots beträgt ca. 10 µm [6]. b) Schriftzug „KIT", die FLAG-Spots sind teilweise ineinander gelaufen und nicht mehr voneinander unterscheidbar.

Weiterhin wurde gezeigt, dass Potenzial für noch höhere Spotdichten besteht, da Spots mit einem minimalen Durchmesser von 10 µm hergestellt wurden. Aus der Synthese konnten wichtige Erkenntnisse für die Planung des in dieser Arbeit entwickelten Lasersystems für das Combinatorial Laser Fusing gezogen werden: Die Synthese der Peptidarrays war sehr langwierig, da die Position und die Ausrichtung des Substrats mangels Automatisierung manuell über ein Mikroskop bestimmt werden mussten. Aus technischen Gründen dauerte das mechanische Verfahren des Substrats und das Bestrahlen jedes Spots mindestens 200 ms (davon Pulsdauer des Lasers 10 ms). Die Herstellung eines größeren Arrays mit mehreren tausend Spots wäre deshalb sehr zeitaufwendig und kaum durchführbar gewesen.

5.1.4   Synthese mit Biotinpartikeln

Das folgende Experiment wurde durchgeführt, um experimentell zu zeigen, dass mit Combinatorial Laser Fusing nicht nur Peptidarrays, sondern prinzipiell auch andere Molekülarrays hergestellt werden können, indem Partikel mit anderen Monomeren verwendet werden. Ein Teil der folgenden Ergebnisse zur Veröffentlichung eingereicht [6].

Die Synthese wurde auf zwei Objektträger mit verschiedenen Oberflächen durchgeführt: 10:90 PEMGA-co-MMA und AEG$_3$. Dabei wurden Partikel mit Biotin-OPfp-Ester aus der Luftstrahlmühle verwendet. Diese wurden mit der Beschichtungsanlage (Abschnitt 3.3) aufgetragen und mit dem Infrarotlaser des Lasermikrodissektionsgeräts (Abschnitt 3.2) angeschmolzen. Die Laserleistung betrug 10 mW, die Pulsdauer 10 ms und der Laserfokusdurchmesser ca. 7,5 µm. Nichtbestrahlte Partikeln wurden mit einer Druckluftpistole (Luftdruck ca. 2 bar) entfernt. Zusätzlich wurden die Substrate mit Wasser aus einer Spritzflasche abgespült und anschließend mit Druckluft getrocknet.

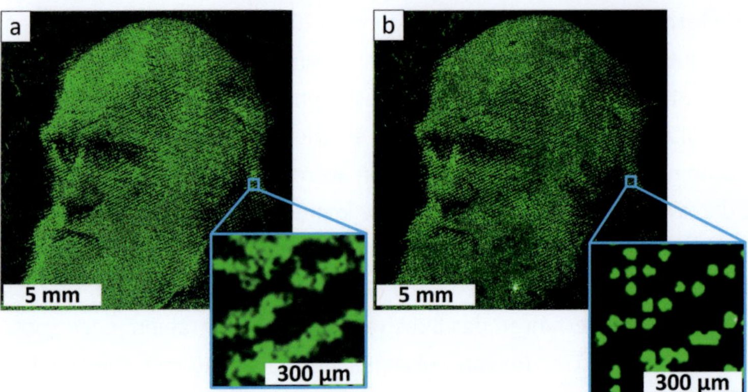

Abbildung 5.7 Porträt von Charles Darwin als Muster aus Biotinspots, detektiert mit fluoreszenzmarkiertem Streptavidin, Pitch 50 µm. a) 10:90 PEGMA-co-MMA-Oberfläche. b) AEG$_3$-Oberfläche [6].

Für die Kupplungsreaktion wurden die Substrate unter Argonatmosphäre für 90 min auf 100 °C erhitzt. Anschließend folgten Waschschritte und die Färbung mit fluoreszenzmarkiertem Streptavidin (Streptavidin Alexa Fluor 546). Ein detailliertes Protokoll der Synthese und der Färbung befindet sich in Anhang A2.

Abbildung 5.7 zeigt die Fluoreszenzaufnahmen (Fluoreszenzscanner GenePix 4000B, Axon Instruments, Anregungswellenlänge 532 nm, Auflösung 5 µm/Pixel) der Synthese auf der 10:90 PEGMA-co-MMA-Oberfläche und auf der AEG$_3$-Oberfläche. Die Synthese hat auf beiden Oberflächen funktioniert, was beweist, dass neben Aminosäuren auch andere Monomere in dem Verfahren verwendet werden können. Beim Vergleich der Ergebnisse fällt auf, dass die Spots auf der AEG$_3$-Oberfläche besser voneinander abgegrenzt sind als auf der 10:90 PEGMA-co-MMA-Oberfläche. Dies ist darauf zurückzuführen, dass nach dem Reinigungsschritt von losen Partikeln kaum Kontaminationen auf der AEG3-Oberfläche vorhanden waren, während auf der 10:90 PEGMA-co-MMA-Oberfläche, insbesondere zwischen den angeschmolzenen Spots, sehr viele Partikel hängen blieben. Durch einen zusätzlichen Reinigungsschritt im Ultraschallbad hätten diese Kontaminationen verringert werden können.

Das gesamte Muster umfasste $400 \times 400 = 160.000$ Spots auf einer Fläche von 20 mm × 20 mm (Spotdichte 40.000 cm^{-2}). Knapp 60.000 Spots wurden mit dem Laser bestrahlt und die Biotinpartikeln angeschmolzen. Die reine Laserbearbeitungszeit lag pro Muster bei 6,3 h ($\approx 0{,}38$ s pro Spot). Dies unterstreicht die Notwendigkeit, für die Entwicklung des vorgestellten Laserscanningsystems, um die Prozesszeit zu reduzieren.

5.1.5 Peptidsynthese mit Laserscanningsystem

Mit dem Laserscanningsystem aus Abschnitt 4.1 wurde eine Peptidsynthese nach dem Prinzip des Combinatorial Laser Fusing (siehe Abschnitt 1.4) durchgeführt, um zu zeigen, dass das System zur Herstellung von Peptidarrays eingesetzt werden kann.

Es wurden Glasobjektträger mit 10:90 PEGMA-co-MMA-Oberfläche (PEPperPRINT GmbH) und Partikel aus der Luftstrahlmühle mit den Monomeren Glycin, Alanin und Biotin verwendet. Die Glasobjektträger wurden mit dem gepulsten Laser mit jeweils vier Markierungen zur Positionserkennung versehen. Wie in Abbildung 5.8 dargestellt, wurden die beiden Sequenzen Glycin-Alanin und Glycin-Biotin synthetisiert. Zur Detektion wurden die beiden Sequenzen mit unterschiedlichen Fluoreszenzfarbstoffen markiert: an den N-Terminus von Alanin wurde ein fluoreszierender N-Hydroxysuccinimid (NHS) Ester (DyLight 650 NHS-Ester, Emissionsmaximum bei 672 nm) gekuppelt und an Biotin fluoreszenzmarkiertes Streptavidin (DyLight 550 Streptavidin, Emissionsmaximum bei 576 nm) gebunden.

Um die Ausbeute der Synthese zu erhöhen, wurde jeder Synthese-schritt doppelt ausgeführt. Das bedeutet nach der Kupplungsreaktion im Ofen folgte ein verkürztes Waschprogramm, bei dem lediglich die

Partikelmatrix und überschüssige Aminosäuren entfernt wurden (Abspülen mit Aceton, 3 × 5 min DMF, 2 × 3 min Methanol). Anschließend wurde erneut mit den gleichen Partikeln beschichtet und mit dem Laser strukturiert.

Es wurden Muster mit unterschiedlichem Pitch von 33 µm bis 100 µm hergestellt. Die Anordnung der Muster auf dem Substrat ist in Abbildung 5.9 gezeigt. Zusätzlich wurden zwei Felder erstellt, in denen die Laserparameter variiert wurden (Laserleistung: linear in 50 Schritten von 2 % bis 100 %, Pulsdauer: linear in 40 Schritten von 0,2 ms bis 8,0 ms). Diese Felder wurden stets zuerst erstellt und analysiert, um für die jeweilige Partikelschicht die optimalen Laserparameter auszuwählen. Dies war notwendig, da sich die Dicke und der Partikelschichten und die Absorption der Partikelsorten unterschieden. Je nach Pitch wurde eine Leistung zwischen 10 und 100 % gewählt und eine Pulsdauer zwischen 1 und 8 ms.

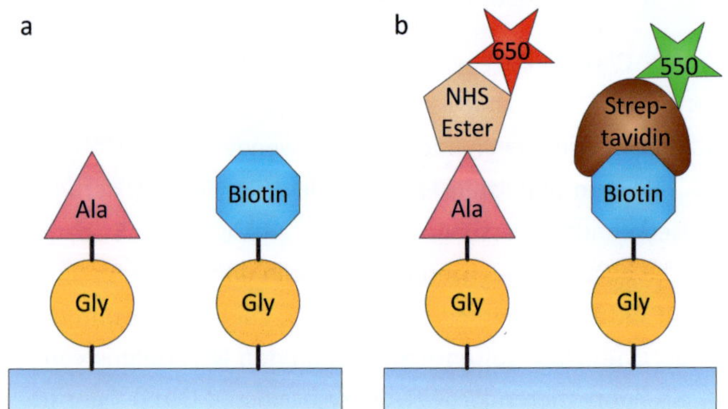

Abbildung 5.8 Schema der durchgeführten Dipeptidsynthese. a) Es wurden die beiden Sequenzen Glycin-Alanin und Glycin-Biotin synthetisiert. b) Alanin wurde mit einem fluoreszenzmarkiertem NHS-Ester detektiert, Biotin mit fluoreszenzmarkiertem Streptavidin.

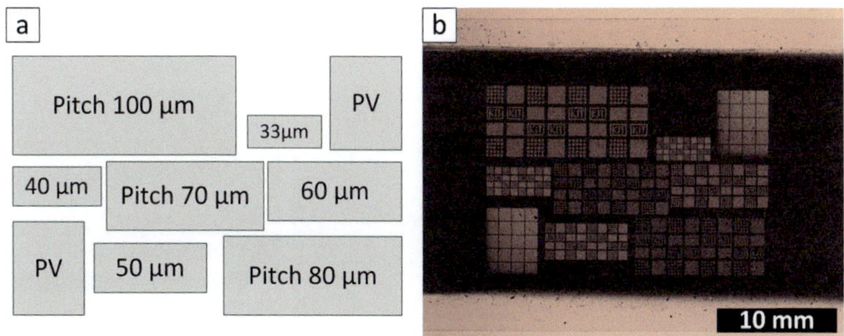

Abbildung 5.9 Anordnung der Muster für die Dipeptidsynthese.Die haben Muster haben einen Pitch zwischen 33 und 100 μm. Links unten und rechts oben befindet sich jeweils ein Felde mit einer Laserparameter-Variation (PV). a) Entwurf der Anordnung. b) Objektträger mit 10:90 PEGMA-co-MMA-Oberfläche mit Biotinpartikeln, strukturiert mit dem Laserscanningsystem.

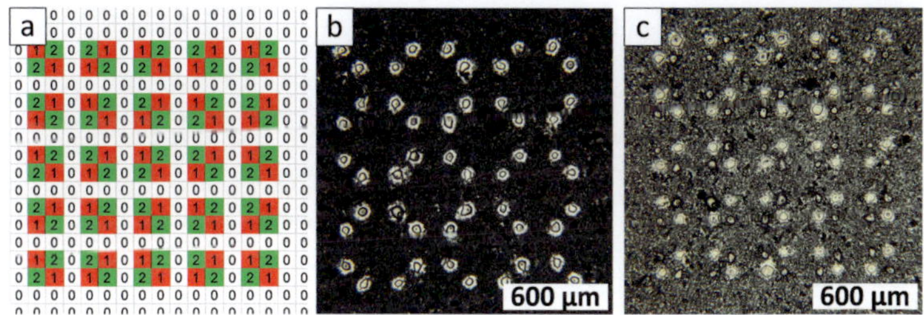

Abbildung 5.10 Verschiedene Schritte bei der Strukturierung von Partikeln. a) Matrix zur Ansteuerung des Laserscanningsystems. b) Schicht aus Alaninpartikeln, mit dem Laser strukturiert. c) Lose Alaninpartikel wurden entfernt, eine Schicht aus Biotinpartikeln aufgetragen und mit dem Laser strukturiert.

Abbildung 5.10 zeigt unterschiedliche Prozessschritte während der Strukturierung der unterschiedlichen Partikelsorten. Die Peptidsynthese und die Fluoreszenzfärbung erfolgte nach den Protokoll in Anhang A3. Anschließend wurde das Array gescannt (Axon Instruments, GenePix 4000B, Anregungswellenlängen 532 nm und 635 nm, Auflösung 5 μm/Pixel).

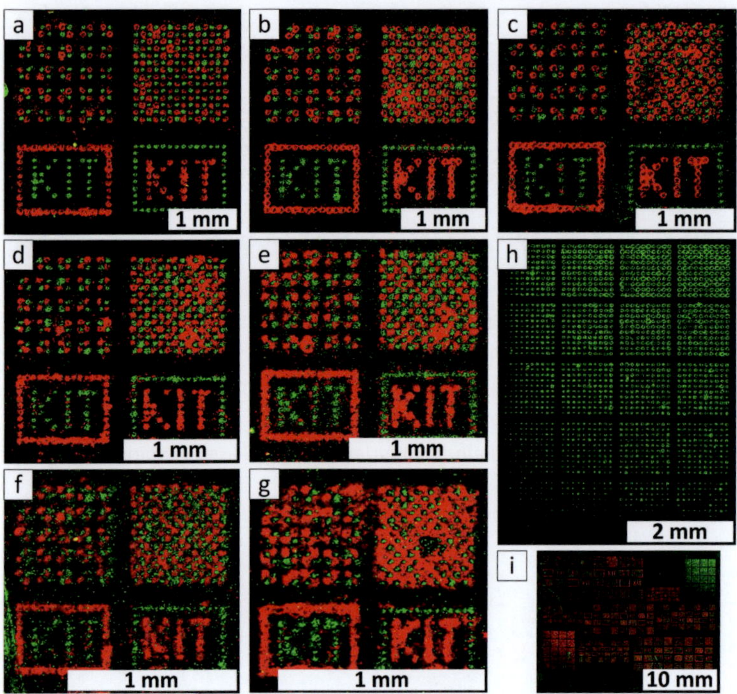

Abbildung 5.11 Dipeptidsynthese ohne Ultraschallreinigung. a) Pitch 100 µm. b) Pitch 80 µm. c) Pitch 70 µm. d) Pitch 60 µm. e) Pitch 50 µm. f) Pitch 40 µm. g) Pitch 33 µm. h) Parameter Variation bei Pitch 100 µm, nach oben: Zunahme der Laserleistung, nach rechts: Zunahme der Pulsdauer. i) Übersicht über das ganze Array.

Es wurden parallel zwei Peptidarrays synthetisiert. Der einzige Unterschied bei der Herstellung bestand im Reinigungsschritt, bei dem nicht bestrahlte Partikel vom Substrat entfernt wurden. Dieser wurde beim ersten Substrat mit Druckluft und Wasser aus der Spritzflasche durchgeführt und beim zweiten Substrat zusätzlich mit 10 s im Ultraschallbad (Elmasonic S 100 H, Elma Hans Schmidbauer GmbH). Die Ergebnisse der Fluoreszenzscans sind in Abbildung 5.11 und Abbildung 5.12 gezeigt. Das Muster aus den beiden Peptiden wird immer undeutlicher, je kleiner der Pitch wird. Dies liegt unter anderem daran, dass die Variationen von Größe und Position bei kleineren Spots stärker ins Gewicht fallen. Die Spots unterschiedlicher Lagen des Arrays überlappen dadurch bedingt kaum oder nur unregelmäßig. Bei einem Pitch von 70 bis 100 µm hat die Ultraschallreinigung einen positiven Effekt, da der Hintergrund reduziert wird. Bei einem Pitch von 60 µm und weniger hat die Ultraschallreinigung einen negativen Effekt, da die Spots teilweise abgelöst wurden.

Um zu zeigen, dass das System in der Lage ist, großflächige Peptidarrays herzustellen, wurde ein weiteres Array nach dem oben beschriebenen Protokoll (ohne Reinigung im Ultraschallbad) synthetisiert. Das Array hatte in diesem Fall 200 × 400 = 80.000 Spots auf einer Fläche von 16 mm × 32 mm (Pitch 80 µm, Spotdichte 15.625 cm^{-2}). Das Ergebnis ist in Abbildung 5.13 gezeigt.

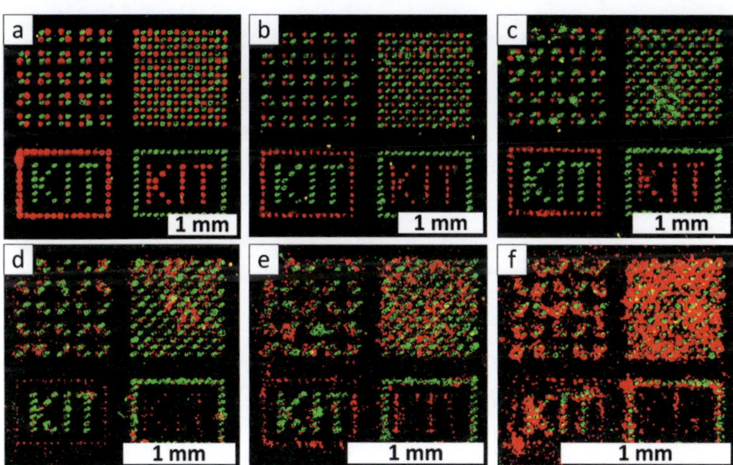

Abbildung 5.12 Dipeptidsynthese mit Ultraschallreinigung. a) Pitch 100 µm. b) Pitch 80 µm. c) Pitch 70 µm. d) Pitch 60 µm. e) Pitch 50 µm. f) Pitch 40 µm.

Abbildung 5.13 Peptidarray nach dem Werk „Marilyn Monroe" (Andy Warhol, 1967) mit 80.000 Spots, Pitch 80 µm auf einer Fläche von 16 mm × 32 mm. a) Objektträger mit eine Schicht aus Biotinpartikeln (1) und mit angeschmolzenen Spots (2). b) Objektträger nach dem Entfernen von losen Partikeln, angeschmolzene Spots aus Alaninpartikeln (1) und Biotinpartikeln (2). c) Fluoreszenzbild, in rot die Sequenz Gly-Ala und in grün die Sequenz Gly-Biotin. *(© 2013 The Andy Warhol Foundation for the Visual Arts, Inc. / Artists Rights Society (ARS), New York)*

5.1.6 Combinatorial Laser Fusing in Mikrostrukturen

Um einerseits die Spotdichte zu erhöhen und andererseits den aufwendigen Prozess der Aerosolerzeugung und Partikelbeschichtung zu umgehen, wurde die Methode des Combinatorial Laser Fusing leicht abgewandelt. Anstatt normaler Objektträger wurden mikrostrukturierte Glassubstrate verwendet. Das Prinzip ist in Abbildung 5.14

dargestellt. Monomerpartikel wurden per Rakeltechnik aufgebracht und in die Mikrovertiefungen des Trägers gefüllt. Einzelne Vertiefungen wurden mit einem Laser erhitzt und die Partikel angeschmolzen. Anschließend wurde das Substrat im Ultraschallbad gereinigt, um nicht bestrahlte Partikel wieder aus den Vertiefungen zu entfernen. Die Prozessschritte wurden für jede Partikelsorte wiederholt, um ein kombinatorisches Muster zu erhalten.

Das Experiment wurde mit den mikrostrukturierte Glassubstraten aus Abschnitt 3.5.2 mit einer PEGMA-Oberfläche durchgeführt. Es wurden zwei verschiedene Partikelsorten verwendet: Partikel mit der Aminosäure Cystein und Partikel mit Biotin. Die Partikel wurden mit dem Infrarotlaser des Lasermikrodissektionsgeräts für jeweils 1 s bei 80-100 mW bestrahlt. Anschließend wurde das Substrat in einem Gefäß mit Wasser im Ultraschallbad gereinigt (Dauer 1-2 min, Leistung 10 %, Frequenz 35 kHz, Ultraschallbad Sonorex Super 10 P, Bandelin Electronic GmbH & Co. KG). Abbildung 5.15 zeigt das mikrostrukturierte Glassubstrat nach der Reinigung im Ultraschallbad mit dem so entstandenen Partikelmuster.

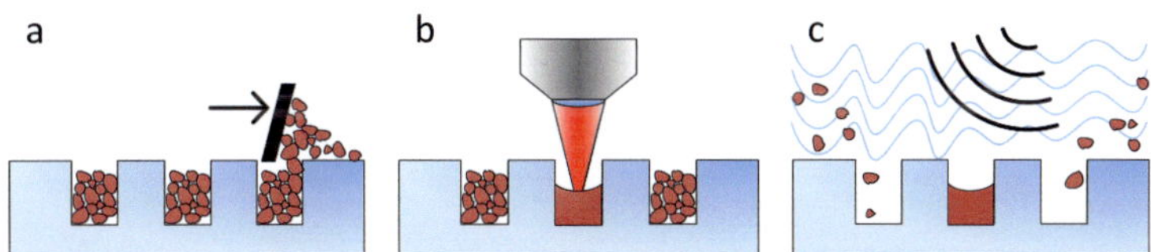

Abbildung 5.14 Combinatorial Laser Fusing auf strukturierten Substraten. a) Füllen des mikrostrukturierten Substrats mit Monomerpartikeln. b) Erhitzen und Anschmelzen von Partikeln mittels Laserstrahlung. c) Reinigung des Substrats von losen Partikeln im Ultraschallbad.

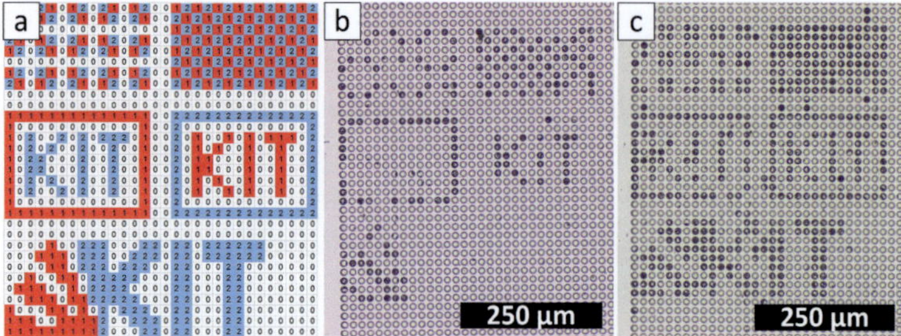

Abbildung 5.15 Angeschmolzenen Partikeln auf einem mikrostrukturierten Substrat mit zylinderförmigen Vertiefungen, Tiefe 8-10 µm, Durchmesser 10 µm, Pitch 14 µm. a) Matrixdatei mit dem Partikelmuster. b) Muster aus Biotinpartikeln nach Reinigung im Ultraschallbad. c) Muster aus Biotinpartikeln und Cysteinpartikeln nach Reinigung im Ultraschallbad.

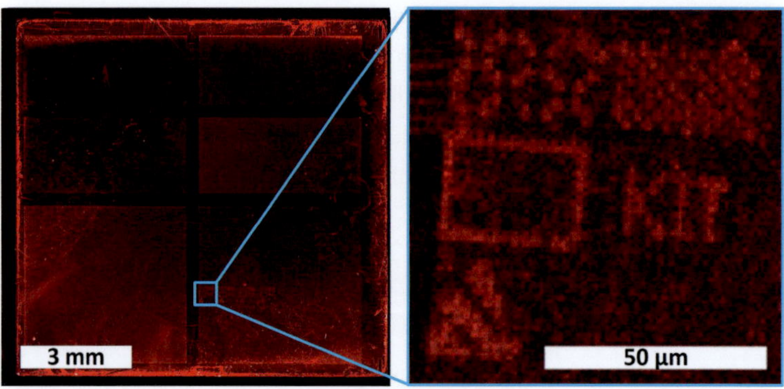

Abbildung 5.16 Fluoreszenzbild eines Glassubstrats (10 mm × 10 mm) mit Biotinspots in Mikrovertiefungen, gefärbt mit Streptavidin DyLight 680, Spotdurchmesser 10 µm, Pitch 14 µm.

Für die Kupplungsreaktion wurde das Substrat unter Argonatmosphäre 90 min lang auf 90 °C erhitzt. Zur Detektion des Syntheseergebnisses wurde das Peptid HA aus einer Lösung an die freie Aminogruppe des Cystein gekuppelt. HA wurde mit fluoreszenzmarkierten Anti-HA-Antikörpern detektiert. Biotin wurde mit fluoreszenzmarkiertem Streptavidin (Streptavidin DyLight 680, Emissionsmaximum bei 715 nm) detektiert. In Abbildung 5.16 ist das Ergebnis des Fluoreszenzscans abgebildet. Es sind nur die Biotinspots erkennbar. Aufgrund eines Fehlers bei der Kupplung des HA-Peptids, hat der Nachweis über Anti-HA-Antikörper nicht funktioniert. Des Weiteren ist das Muster nur undeutlich zu erkennen, da die einzelnen Spots einen Durchmesser von 10 µm hatten, der verwendete Fluoreszenzscanner (GenePix 4000B, Axon Instruments, Anregungswellenlänge 635 nm) jedoch eine Auflösung von nur 5 µm/Pixel besaß.

Das Experiment wurde deshalb wiederholt. Der Nachweis erfolgte diesmal mit Anti-HA-Antikörpern markiert mit Cy5 (rot), und Streptavidin Alexa Fluor 546 (grün). Das chemische Protokoll für die Synthese und die Färbung befindet sich in Anhang A4. Um ein Bild mit höherer Auflösung zu bekommen, wurde die Probe von der Firma Innopsys in Frankreich mit einer Auflösung von 1 µm/Pixel gescannt (Fluoreszenzscanner: InnoScan 900, Firma Innopsys; Anregungswellenlängen 532 nm und 635 nm). Abbildung 5.17 zeigt das Ergebnis. Es sind beide Fluoreszenzfarbstoffe sichtbar. Die Cystein-Spots (rot) scheinen ein „Loch" in der Mitte zu haben. Dies ist vermutlich darauf zurückzuführen, dass die Fokusebene des Scanners nicht exakt eingestellt war. Wegen den kleinen Abmessungen des Substrats konnte der Autofokus aus technischen Gründen nicht verwendet werden.

Mit dem Experiment wurde gezeigt, dass die Herstellung von Peptidarrays durch das Anschmelzen von Partikeln in Strukturen möglich ist. Die Fluoreszenzbilder zeigen Muster mit einer Spotdichte von 510.000 cm^{-2} (Durchmesser 10 µm, Pitch 14 µm). Durch die Verwendung von mikrostrukturierten Substraten konnte auf die Ablagerung von Partikelschichten aus dem Aerosol verzichtet werden.

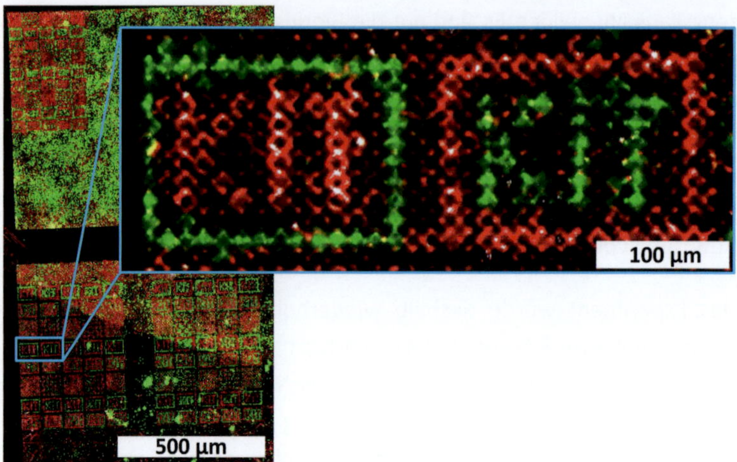

Abbildung 5.17 Synthese auf einem mikrostrukturieren Substrat mit Biotinpartikeln und Cysteinpartikeln. Oben links: Vertiefungen mit Durchmesser 7 µm und Pitch 10 µm (1 Mio. cm^{-2}). Unten links und in der Vergrößerung: Vertiefungen mit Durchmesser 10 µm und Pitch 14 µm (510.000 cm^{-2}). Biotin wurde mit fluoreszenzmarkiertem Streptavidin detektiert (grün), an Cystein wurde HA-Peptid gekuppelt und mit fluoreszenzmarkierten Anti-HA-Antikörpern detektiert (rot).

Aus technischen Gründen wurde das Experiment mit dem Lasermikrodissektionsgerät durchgeführt, da zum einem ein Dauerstrichlaser für den Wärmeeintrag benötigt wurde und zum anderen ein inverses Mikroskop, um den Laser exakt über den Strukturen zu positionieren. Bedingt durch den im Vergleich zu den Strukturen relativen großen Laserfokus (Durchmesser ca. 7,5 µm) und die lange Pulsdauer (1 s), wurden mit einem Laserpuls teilweise auch Partikeln in benachbarten Vertiefungen geschmolzen. Deshalb waren lediglich die Ergebnisse bei einem Pitch von 14 µm verwertbar, während bei einem Pitch von 10 µm die ursprünglichen Muster nicht mehr erkennbar waren.

Ein kritischer Proessschritt war die Reinigung im Ultraschallbad. Sie muss selektiv erfolgen, so dass angeschmolzene Partikel in den Vertiefungen verbleiben, während nicht bestrahlte Partikel herausgelöst werden. Trotz der vergleichsweise langen Pulsdauer von 1 s wurden bei der Reinigung oft entweder alle Vertiefungen geleert oder keine. Je kürzerer die Pulsdauer, desto geringer war die Selektivität. Wurde eine besonders lange Pulsdauer simuliert, indem das Substrat für 90 min auf 90 °C erhitzt wurde, so konnten die geschmolzenen Partikel in den Vertiefungen nicht mehr mit dem Ultraschallbad entfernt werden. Dies spricht dafür, dass eine Pulsdauer >1 s das Problem lösen könnte, allerdings wird die Bearbeitungszeit dadurch sehr hoch.

5.2 Validierung des Laserscanningsystems

Mit den folgenden Experimenten wurde überprüft, ob das Laserscanningsystem den vorab definierten Anforderungen bezüglich Prozesszeit, Genauigkeit und Laserfokusgröße entspricht.

5.2.1 Prozesszeit

Die Prozesszeit für die Herstellung von Peptidarrays nach der Combinatorial Laser Fusing Methode mit dem Laserscanningsystem wurde unter Fertigungsbedingungen getestet. Da bei einer vollkombinatorischen Peptidsynthese 20 Aminosäuren zum Einsatz kommen, werden bei jedem Laserbearbeitungsschritt durchschnittlich 5 % der Spots auf dem Array bestrahlt. Es wurde eine Testmatrix mit 500 × 500 = 250.000 Einträgen erstellt. Bei einem Pitch von 50 µm entspricht dies einem Array mit einer Fläche von 25 mm × 25 mm. Für die Zeitmessungen wurden 12.500 zufällig ausgewählte Positionen (entspricht 5 %) der Matrix bestrahlt.

Grundsätzlich wird die Prozesszeit von verschiedenen Faktoren bestimmt:

- Jump Speed: Max. Geschwindigkeit der Spiegel im Scankopf
- Jump-Delay: Verzögerungszeit zwischen dem Erreichen einer Position und dem Auslösen eines Laserpulses, damit die Spiegel einschwingen können
- Laserpulsdauer: Zeit, die der Laser eingeschaltet ist
- Pitch: Abstand von Spot-Mittelpunkt zu Spot-Mittelpunkt

Es wurden folgende Einstellungen gewählt: Jump Speed 1000 bit/ms, Jump-Delay 100 µs und Pitch 50 µm. Bei Verwendung des F-Theta Objektivs f_{55} ergibt sich damit, dass pro Spot $\approx$ 1,5 ms für die Positionierung notwendig sind. Hinzu kommt die Pulsdauer von 1-7 ms, je nach Partikelschichtdicke und gewünschter Größe der angeschmolzenen Spots. Die Prozesszeit entspricht damit den vorab definierten Anforderungen von <12 ms pro Spot.

Die Positionierzeit könnte weiter reduziert werden, da die Geschwindigkeit der Spiegel mit Jump-Speed = 1000 bits/ms und damit ca. 0,84 m/s moderat gewählt war. Im Datenblatt wird als typische Positioniergeschwindigkeit 2,5 m/s für das F-Theta Objektiv f_{55} genannt. Auch die Verzögerungszeit könnte weiter reduziert werden. Da die Pulsdauer jedoch der dominierende Faktor ist, wurde die Positionierzeit im Rahmen dieser Arbeit nicht weiter optimiert.

5.2.2 Genauigkeit

Die Genauigkeit des Laserscanningsystem wurde in mehreren Schritten untersucht. Dazu wurden zuerst die Positionserkennung und die Kalibrierung des Systems separat getestet und anschließend das Gesamtsystem.

Positionserkennungs-Algorithmus und xy-Tisch

Ein Objektträger mit vier Markierungen, bestehend aus jeweils 25 Kreisen, wurde in das System eingelegt. Die Position des Objektträgers wurde, wie in Abschnitt 4.1.4 beschrieben, 20-mal anhand der Markierungen bestimmt. Das System war zuvor mehrere Stunden in Betrieb, somit war die Betriebstemperatur erreicht. Das Experiment wurde innerhalb weniger Minuten durchgeführt, weshalb Temperatureffekte vernachlässigt werden können. Der Startpunkt für die Detektion jeder Markierung wurde mit einer zufälligen Störung zwischen -100 µm und +100 µm in x und y belegt. Dadurch wurde verhindert, dass der xy-Tisch exakt die gleiche Bahn abfährt und das Messergebnis durch mechanische Effekte verfälscht wird.

Die Standardabweichungen der Positionsbestimmungen sind in Tabelle 10 aufgeführt. Dadurch, dass die Positionen von vier Markierungen gemittelt wurden, beträgt die Genauigkeit des Offsets bei der Detektion eines Objektträgers <1 µm.

Der Winkel des Trägers wurde mit einer Standardabweichung von 0,025 mrad bestimmt. Der dadurch entstehende Fehler bei der Laser-

Tabelle 10 Messergebnis für die Genauigkeit der Positionserkennung und des xy-Tisches

Parameter	Standardabweichung	
Position $|\vec{v}_i|$ einer Markierung	1,13	µm
Offset $|\vec{v}|$ (Mittelwert aus 4 Markierungen)	0,61	µm
Winkel α	0,025	mrad

bearbeitung des Substrats lässt sich mit Hilfe der max. Arbeitsfeldgröße (55 mm × 55 mm bei Verwendung des F-Theta Objektivs f_{100}) bestimmen. Da der Drehpunkt der Ursprung des Scankopf-Koordinatensystems ist, befindet sich dieser genau in der Mitte des Arbeitsfeldes. Die maximale Abweichung, die durch den Winkelfehler hervorgerufen wird, tritt demnach in den Ecken des Arbeitsfeldes auf. Der maximale Abstand vom Drehpunkt ist gleich der halben Arbeitsfelddiagonalen, also ≈ 39 mm. Die durch den Winkelfehler hervorgerufene Abweichung beträgt demnach 0,97 µm. Die quadratische Addition der Fehler aus Offset und Winkel ergibt eine Abweichung von 1,15 µm in den Ecken des Arbeitsfeldes.

Kalibrierung

Um die Genauigkeit der Kalibrierung des Systems zu bestimmen, wurde der Kalibrieralgorithmus, wie er in Abschnitt 4.1.5 beschrieben ist, 15-mal hintereinander ausgeführt. Das System war auf Betriebstemperatur und die Dauer des Experiments betrug ca. 15 min. Die gemessene Temperaturänderung innerhalb des Aluminiumkastens um das System betrug während des Experiments <0,3 K. Es wurde jeweils der Ursprung des Scankopf-Koordinatensystems bestimmt, der Winkel zwischen den Koordinatenachsen des xy-Tisches und den Koordinatenachsen des Scankopfes, sowie der Skalierungsfaktor. Aufgrund der schnellen zeitlichen Abfolge der Messung und der kleinen Temperaturschwankung wurde angenommen, dass die Parameter jeweils konstant sind.

In Tabelle 11 sind die Standardabweichungen der Messungen aufgetragen. Sie sind ein Maß für die Genauigkeit der Kalibrierung. Das Experiment wurde mit beiden F-Theta-Objektiven durchgeführt. Bei der Verwendung des F-Theta-Objektivs f_{55} mit der kürzeren Brennweite sind die auftretenden Abweichungen nur ca. halb so groß wie bei Verwendung des f_{100} mit der längeren Brennweite.

Tabelle 11 Standardabweichungen bei der Kalibrierung des Laserscanningsystems für die beiden F-Theta-Objektive f_{100} und f_{55}.

	f_{100}		f_{55}	
Ursprung x-K oordinate	4,9	μm	2,5	μm
Ursprung y-Koordinate	3,0	μm	1,4	μm
Winkel der Koordinatenachsen	0,11	mrad	0,03	mrad
Skalierungsfaktor	0,23	bit/mm	0,10	bit/mm

Gesamtsystem

Die Genauigkeit des Gesamtsystems mit F-Theta Objektiv f_{100} wurde mit einem Objektträger mit Kohlenstoffbeschichtung (Dicke der Kohlenstoffschicht ca. 100 nm) überprüft. Der Objektträger war in allen vier Ecken mit Positionsmarkierungen versehen.

Über einen Zeitraum von mehreren Stunden wurde das in Abbildung 5.18 dargestellte Muster Zeile für Zeile bzw. Spalte für Spalte geschrieben. Vor jeder Laserbearbeitung wurde das System neu kalibriert und die Position des Objektträgers detektiert. Die beim ersten Durchgang geschriebenen Spalten und Zeilen dienten als Referenz. Die jeweilige Abweichung in x- bzw. y-Richtung ergibt sich aus der Differenz zwischen Ist- und Soll-Position der jeweiligen Zeile bzw. Spalte. Um den Einfluss der Kalibrierung und Positionserkennung direkt messen zu können, wurden parallel auch Muster mit ausgeschaltetem Korrekturmechanismus geschrieben. Während des Experiments wurde die Temperatur in dem Aluminiumkasten, der das Laserscanningsystem umgibt, gemessen.

Die Ergebnisse sind in Abbildung 5.19a aufgetragen. Die auftretenden Abweichungen von bis über 30 µm machen deutlich, dass das System ohne Korrekturmechanismen nicht zur Herstellung von Peptidarrays mit der geforderten Genauigkeit eingesetzt werden kann. Die Korrekturalgorithmen zur Kalibrierung des Systems und zur Positionserkennung der Objektträger sorgten dafür, dass die Abweichung unter 3 µm blieb. Damit erreichte das Laserscanningsystem die in Abschnitt 4.1.1 geforderte Genauigkeit von 5 µm. Wiederholt man das Experiment mit dem F-Theta-Objektiv f_{55}, so kann vermutlich eine noch höhere Genauigkeit erreicht werden, da dann, wie weiter oben gezeigt, die Standardabweichung bei der Kalibrierung des Systems kleiner ist.

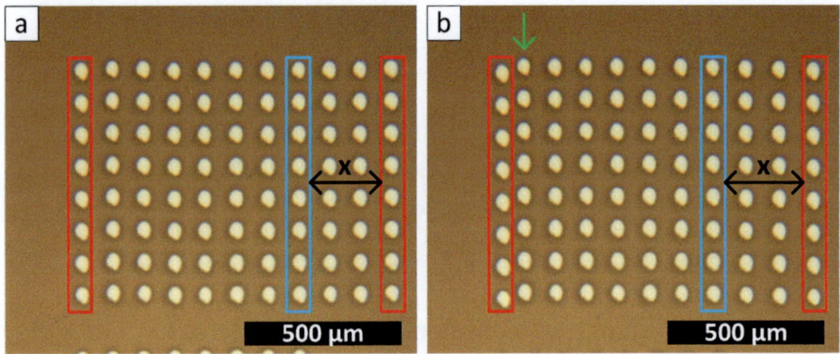

Abbildung 5.18 Messprinzip für die Genauigkeit des Laserscanningsystems in x-Richtung: Es wurde jeweils der Abstand einer Spalte (blau) zur Referenz (rot) bestimmt. a) Muster mit Korrekturmechanismus. b) Muster ohne Korrekturmechanismus. Der grüne Pfeil markiert eine Spalte mit besonders großer Abweichung von der Sollposition.

Werden die Abweichungen ohne Korrekturmechanismen gegen die Temperatur aufgetragen (Abbildung 5.19b), so wird deutlich, dass es sich dabei höchstwahrscheinlich um einen Temperaturdrift handelt. Die Kalibrierung des Systems und die Laserbearbeitung von Substraten sollten deshalb immer direkt aufeinander folgen, damit die Temperatureffekte nicht zu groß werden. Vor der Verwendung des Systems sollte eine ausreichend lange Aufheizphase abgewartet werden.

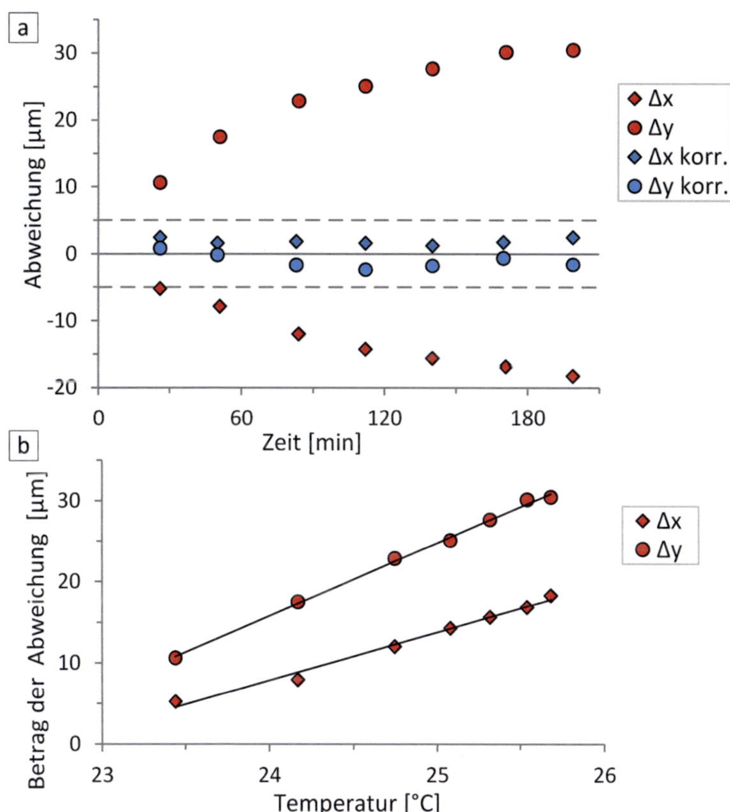

Abbildung 5.19 Standardabweichung des Laserscanningsystem gemessen über mehrere Stunden. a) Genauigkeit mit (blau) und ohne (rot) Korrekturmechanismus im direkten Vergleich. b) Absolutwert der Abweichung ohne Korrekturmechanismus in Abhängigkeit der Temperatur.

5.2.3 Laserfokusgröße

Das Strahlprofil des Lasers (FSDL-532-1000T, Frankfurt Laser Company) im Laserscanningsystem wurde für beide F-Theta-Objektive untersucht und jeweils der Durchmesser und die Lage des Laserfokus bestimmt.

Der Strahlradius eines Gaußstrahls kann mit Hilfe einer beweglicher Schneide, nach der in [32] beschriebenen Methode, vermessen werden. Die Schneide wird dabei schrittweise in den Laserstrahl gefahren und schattet diesen ab. Die Strahlintensität $I(x)$ in Abhängigkeit der Schneidenposition x wird gemessen und mit der Gaußschen Fehlerfunktion approximiert:

$$I(x) = \text{erf}(x) = \frac{2}{\sqrt{\pi}} \int_0^x e^{-t^2} \, dt$$

Formel 5.2

Die Ableitung dieser Funktion ergibt eine gaußförmige Intensitätsverteilung. Der Strahlradius ist definiert als die Position, an der die Gaußfunktion auf $1/e^2$ bzw. die Intensität auf 13,5 % abgefallen ist.

Um den Strahlradius zu vermessen, wurde die in Abschnitt 4.1.3 beschriebene Kamera aus dem Mikroskop verwendet. Der Laserstrahl wurde durch einen Absorptionsfilter abgeschwächt und direkt auf dem Sensor der Kamera abgebildet. Abbildung 5.20 zeigt die aufgenommen Intensitätsverteilung, die näherungsweise einer Gaußverteilung entspricht. Eine 100 µm dickes Strahlblech wurde als Schneide verwendet und auf dem xy-Tisch aus Abschnitt 4.1.3 montiert. Um die Abhängigkeit des Strahlradius von der Ausbreitungsrichtung z zu bestimmen, wurde die Schneide auf verschiedenen Höhen z schrittweise in den Laserstrahl bewegt. Die jeweilige Intensität ergab sich aus der Summation über alle Pixelwerte der Kamera. Abbildung 5.21a zeigt eine typische Messung.

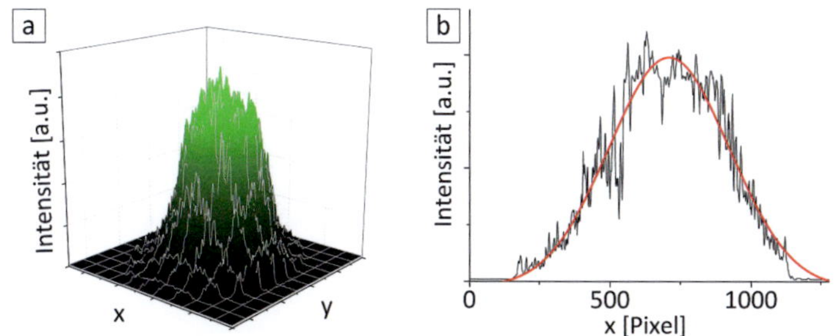

Abbildung 5.20 Intensitätsverteilung des Lasers bestimmt mit einer CMOS-Kamera. a) 3D-Plot. b) Schnitt durch die Intensitätsverteilung und Approximation mit einer Gaußverteilung.

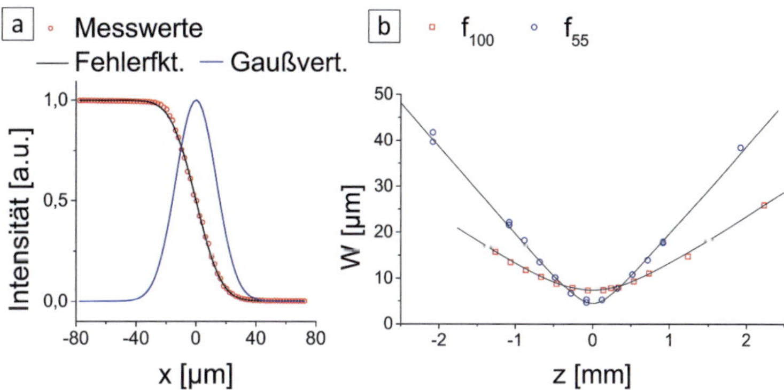

Abbildung 5.21 Messung des Strahldurchmessers. a) Intensität in Abhängigkeit der Schneidenposition x, approximiert mit der Gaußschen Fehlerfunktion. b) Strahlradius W in Abhängigkeit der Ausbreitungsrichtung z für die F-Theta Objektive f_{55} und f_{100}.

Da die Intensitätsverteilung nur näherungsweise rotationssymmetrisch ist, wurden auf jeder Höhe zwei Messungen durchgeführt: Einmal wurde die Schneide in x-Richtung in den Strahl bewegt und einmal in y-Richtung. Der jeweilige Strahlradius ergibt sich aus dem Mittelwert der beiden Messungen.

Abbildung 5.21b zeigt das Messergebnis für beide F-Theta Objektive. Die Messwerte wurden mit Formel 2.3 approximiert. Für das Objektiv f_{100} ergibt sich so ein Laserfokus mit Durchmesser 14,8 µm±0,1 µm und für das f_{55} Objektiv mit Durchmesser 9,0 µm±0,1 µm. Die Messwerte liegen im Schnitt etwa einen Faktor 1,6 über den theoretischen Werten für einen idealen Gaußstrahl (f_{55}: 5,3 µm, f_{100}: 9,7 µm, siehe Tabelle 6 in Abschnitt 4.1.3). Damit ist der Laserfokus kleiner als erwartet, da die Beugungsmaßzahl des Lasers in

Tabelle 3 mit $M^2 < 2$ angegeben ist. Demnach wäre es zulässig, dass der tatsächliche Laserfokusdurchmesser bis zu einem Faktor 2 über dem theoretischen Wert liegt.

Neben der Bestimmung des Laserfokusdurchmessers wurde mit der Messung auch die genaue Lage der Fokusebene ermittelt. Die Fokusebenen der beiden F-Theta Objektive liegen ca. 13 mm voneinander entfernt, anstatt 10 mm wie im Datenblatt (Tabelle 6 in Abschnitt 4.1.3) angegeben.

5.3 Combinatorial Laser Transfer

Beim Combinatorial Laser Transfer macht man sich das Prinzip der Laserablation (Abschnitt 2.7) zunutze. Durch kurze Laserpulse werden Stoßwellen erzeugt. Dadurch können Partikel strukturiert werden, indem Partikel an definierten Punkten entfernt werden oder indem Partikel von einem Substrat auf ein anderes transferiert werden. Bei den folgenden Experimenten wurde das System mit dem gepulsten Laser aus Abschnitt 4.2 verwendet.

5.3.1 Transfer von Partikeln

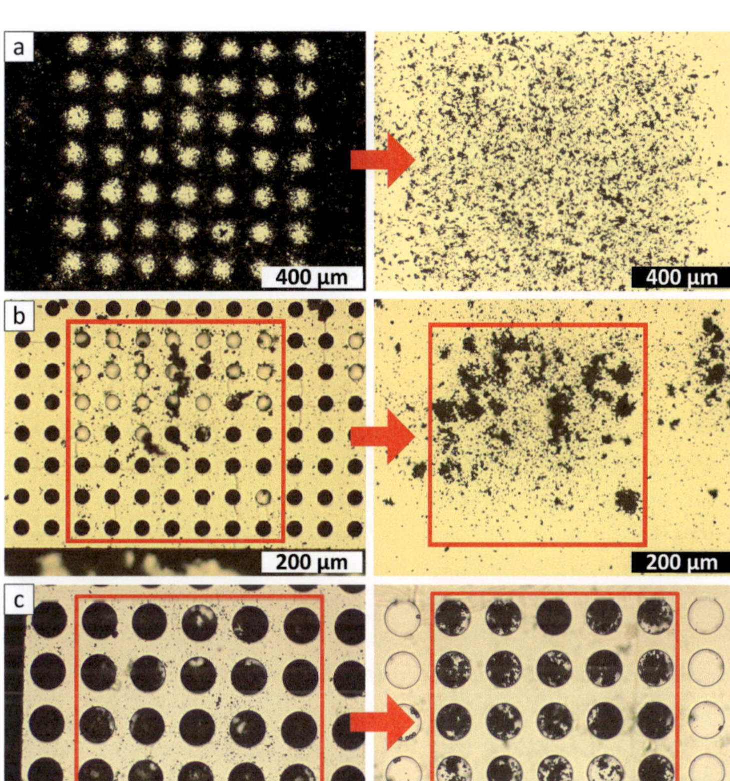

Abbildung 5.22 Transfer von Partikeln von einem Ausgangsträger (links) auf einen Zielträger (rechts) mit dem gepulsten Laser QL532-500-YG. a) Beide Träger flach. b) Strukturierter Ausgangsträger (Fotolack MrX-10 auf Glas) und flacher Zielträger [62]. c) Beide Träger strukturiert (Fotolack MrX-10 auf Glas).

Erste Experimente, bei denen versucht wurde Partikeln von einem Glasobjektträger auf einen anderen Glasobjektträger zu übertragen, zeigten, dass die Streuung der Partikel ein wesentliches Problem darstellt (Abbildung 5.22a). Deshalb wurde der Einsatz von mikrostrukturierten Oberflächen (für die Herstellung der Substrate siehe Abschnitt 3.5) geprüft. Diese sollten für einen ortsgenauen Übertrag der Partikel sorgen. Die Vertiefungen in den Substraten konnten zuverlässig mit einer Rakel mit Partikel befüllt werden. Die Partikel wurden dazu mit einem Spatel auf dem Substrat verteilt und anschließend mit einem flexiblen Gegenstand (z. B. einem Reinraum-Wischtuch) in die Vertiefungen gerieben. Wie in Abbildung 5.22b gezeigt, bringt es Vorteile, wenn ein strukturierter Ausgangsträger mit zylinderförmigen Vertiefungen verwendet wird, von dem aus die Partikel auf einen flachen Träger übertragen werden. Allerdings kann noch nicht von einem ortsgenauen Übertrag gesprochen werden. Bei der Verwendung von zwei mikrostrukturierten Substraten wurden gezielt die gewünschten Strukturen mit Partikel gefüllt (Abbildung 5.22c). Die beiden Substrate wurden dazu aufeinander gelegt und gegeneinander ausgerichtet, so dass die Vertiefungen deckungsgleich waren. Es wurde nur eine geringe Streuung von Partikeln festgestellt, da die Substrate in diesem Fall ohne Abstand direkt aufeinander gelegt werden konnten.

Der Prozess wurde weiter optimiert, um die Zuverlässigkeit zu erhöhen. Es wurde eine wenige Nanometer dicke Zwischenschicht aus Gold auf den Ausgangsträger aufgebracht, bevor dieser mit Partikel befüllt wurde. Die Verwendung solcher metallischer Zwischenschichten ist aus der Literatur bekannt [25]. Die für den Transfer nötige Laserenergie konnte so reduziert werden. Damit die Vertiefungen später gegeneinander ausgerichtet werden können, müssen die Substrate transparent sein. Der Ausgangsträger wurde deshalb mit einem Reinraum-Wischtuch abgerieben, um die Goldschicht von den Stegen zwischen den Vertiefungen wieder zu entfernen. Die Goldschicht in den Vertiefungen blieb davon unbeeinflusst. Um die dabei entstandenen Goldpartikel zu entfernen, wurde der Ausgangsträger im Ultraschallbad gereinigt. Nach dem Einrakeln der Partikel wurde der Ausgangsträger erhitzt, um die Partikeln zu sintern und so die

Partikel innerhalb einer Vertiefung miteinander zu verbinden. Die Streuung einzelner Partikel beim Transfer konnte so weiter reduziert werden, da der Inhalt einer Vertiefung als Einheit übertragen wurde. Weiterhin hat es sich als

vorteilhaft erwiesen, wenn die Vertiefungen des Zielträgers einen etwas größeren Durchmesser haben als die Vertiefungen des Ausgangsträgers, da dadurch die Anforderungen an die Positioniergenauigkeit der Träger verringert werden. Die Präparation der Ausgangsträger ist in Abbildung 5.23 skizziert.

Mit den genannten Optimierungen und der in Abschnitt 4.2.3 beschriebenen Substrathalterung, um die Träger mikrometergenau gegeneinander auszurichten, konnten zuverlässig Partikel zwischen zwei Substraten übertragen werden. Wie in Abbildung 5.24 und Abbildung 5.25 gezeigt, konnte ein Pitch von 10 µm erreicht werden. Dabei wurden die im Trockenätzverfahren strukturierten Glassubstrate aus Abschnitt 3.5.2 und der gepulste Laser MATRIX 532-7-30 verwendet.

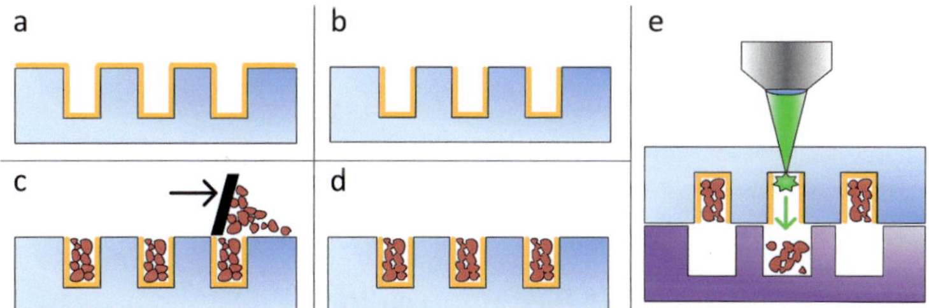

Abbildung 5.23   Präparation eines Ausgangsträgers. a) Ein strukturiertes Glassubstrat wird mit Gold besputtert. b) Die Goldschicht wird abgerieben, so dass die Stege wieder transparent sind und der Träger unter dem Mikroskop positioniert werden kann. c) Partikel werden mit einer Rakel aufgetragen. d) Das Substrat wird kurz erhitzt, um die Partikel zu sintern. e) Die Partikel werden mit einem Laserpuls übertragen. Die Vertiefungen des Zielträgers haben einen größeren Durchmesser als die des Ausgangsträgers.

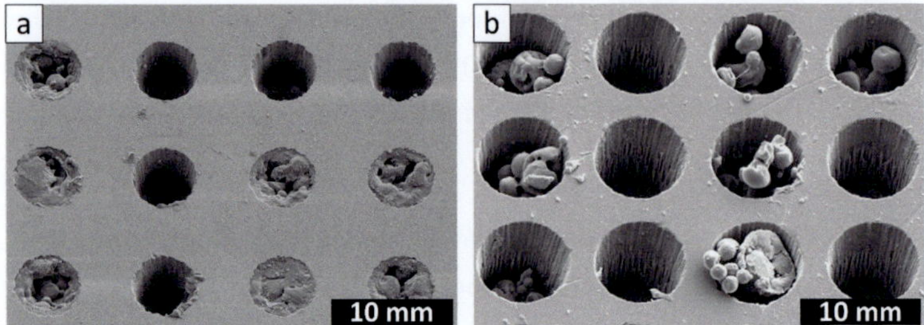

Abbildung 5.24 REM-Bilder von Partikeln in mikrostrukturierten Glassubstraten. a) Ausgangsträger mit Goldschicht und gesinterten Biotinpartikeln. Ein Teil der Vertiefungen (Durchmesser 5 µm) wurde mit dem Laser entleert. b) Zielträger mit übertragenen, ungesinterten Partikeln, Durchmesser der Vertiefungen 7 µm.

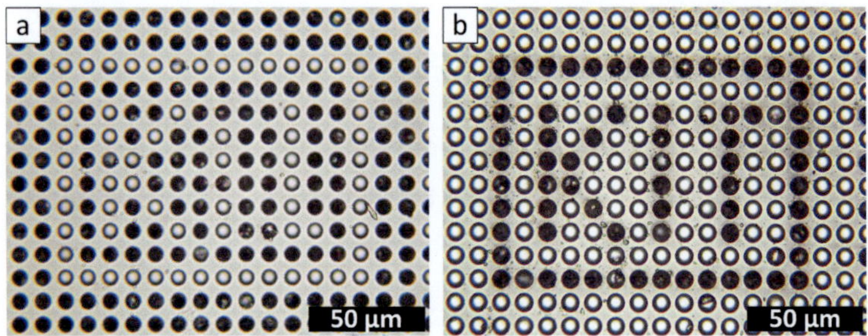

Abbildung 5.25 Transfer von Cysteinpartikeln zwischen mikrostrukturierten Glassubstraten mit Pitch 10 µm. a) Ausgangsträger gefüllt mit Cysteinpartikeln, Durchmesser der Vertiefungen 5 µm. b) Zielträger mit übertragenen Partikeln, Durchmesser der Vertiefungen 7 µm.

5.3.2 Synthese mit Biotinpartikeln

Um zu prüfen, ob Combinatorial Laser Transfer für die Synthese von hochdichten Peptidarrays geeignet ist, wurde eine Machbarkeitsstudie mit Biotinpartikeln durchgeführt.

Als Ausgangsträger und als Zielträger wurden jeweils mikrostrukturierte Glassubstrate (Abschnitt 3.5.2) verwendet. Der Ausgangsträger wurde mit einer Schicht aus Gold besputtert (Beschichtungsanlage MED 010, Firma Balzers, Dauer 240 s, Druck $5 \cdot 10^{-2}$ bar, Strom 25 mA). Anschließend wurden Partikel mit Biotin-OPfp-Ester aus dem Sprühtrockner (Abschnitt 3.1.1) in die Vertiefungen gerakelt. Zum Sintern der Partikeln wurde der Ausgangsträger in einer Kupplungskammer aus Metall unter Argonatmosphäre für 15 min in einen 90 °C warmen Ofen gestellt. Der Zielträger wurde mit einem PEGMA-Film funktionalisiert.

Die beiden Träger wurden aufeinander gelegt und die 4 μm Vertiefungen des Ausgangsträgers über den 7 μm Vertiefungen des Zielträgers positioniert. Der Transfer der Partikel wurde mit dem gepulsten Laser MATRIX 532-7-30 (Abschnitt 4.2.3) bei einem Pumpstrom von 35 % und einem Graufilter mit optischer Dichte 0,6 (Transmission ca. 25 %) durchgeführt. Bis auf einen zusätzlichen Waschschritt (10 min in Aceton im Ultraschallbad) wurde die Synthese und die Färbung mit fluoreszenzmarkiertem Streptavidin (Streptavidin Alexa Fluor 546) gemäß dem chemischen Protokoll in Anhang A2 durchgeführt.

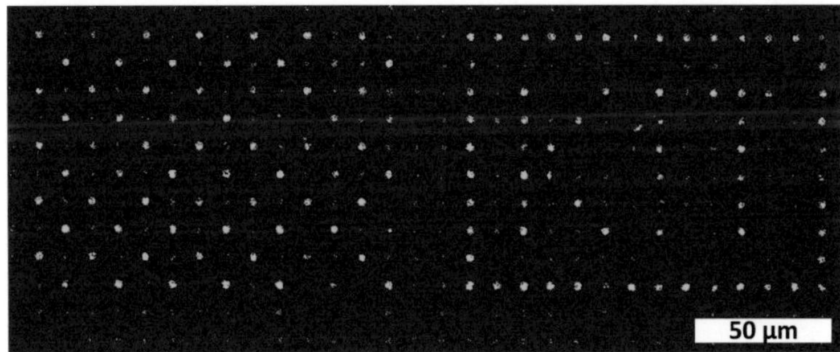

Abbildung 5.26 Synthese mit Combinatorial Laser Transfer von Biotinpartikeln. Die Biotinspots wurden mit fluoreszenzmarkiertem Streptavidin detektiert. Spotgröße 7 μm, Pitch 10 μm, Spotdichte 1.000.000 cm^{-2}.

Abbildung 5.26 zeigt eine Fluoreszenzaufnahme des Zielträgers. Aufgrund der kleinen Spotdurchmesser wurden die Fluoreszenzaufnahmen nicht mit einem Scanner, sondern mit einem konfokalen Laserscanningmikroskop (TCS SP5, Leica) gemacht.

Die erfolgreiche Synthese zeigt, dass mit Combinatorial Laser Transfer prinzipiell auch komplexere Synthesen zur Herstellung von hochdichten Peptidarrays mit einer Spotdichte von 1.000.000 cm^{-2} möglich sind.

5.3.3   Synthese mit Blockadepartikeln

Der Einsatz von mikrostrukturierten Substraten eröffnet weitere Varianten der Partikelstrukturierung und damit der Herstellung von Peptidarrays. Ein Prinzip, nach dem vorgegangen werden kann, ist in Abbildung 5.27 dargestellt. Die zylinderförmigen Vertiefungen in einem Substrat werden mit chemisch inerten Partikeln gefüllt. Diese haben die Funktion die Vertiefungen zu besetzen und für andere Substanzen zu blockieren. Die Blockadepartikel können mit einem Laserpuls wieder entfernt werden und die freien Vertiefungen anschließend mit Aminosäurepartikeln gefüllt werden.

In diesem Experiment soll dieses Prinzip mit einer einfachen Synthese erprobt werden. Es wurde ein mikrostrukturiertes Glassubstrat (Abschnitt 3.5.1) mit einer PEGMA-Oberfläche verwendet. Dieses wurde zunächst mit Blockadepartikeln gefüllt. Dafür wurden blau gefärbte Polystyrolpartikel (Micro Particles GmbH, Berlin) mit einer engen Größenverteilung aus wässriger Lösung aufgetragen, getrocknet und in die Strukturen gerakelt. Um die Vertiefungen möglichst komplett zu verschließen, wurden die Vertiefungen in zwei Schritten gefüllt. Zuerst mit etwas größeren Partikeln (Durchmesser 4,21 µm±0,11 µm) und anschließend mit kleineren Partikeln (Durchmesser 1,21 µm±0,04 µm).

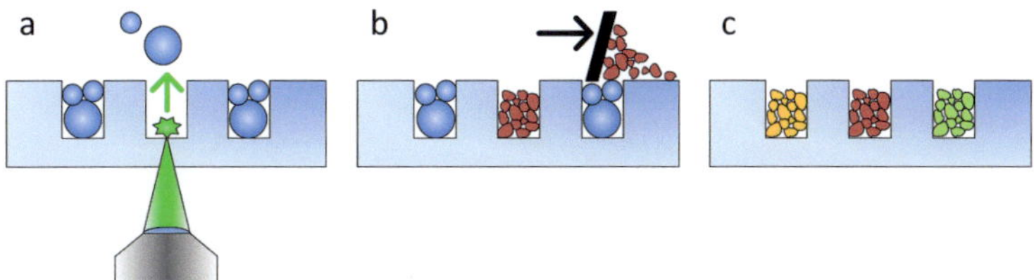

Abbildung 5.27 Partikelstrukturierung mit Hilfe von Blockadepartikeln in Mikrovertiefungen. a) Ein mikrostrukturiertes Substrat wird mit Blockadepartikeln gefüllt und einzelne Vertiefungen mit einem Laserpuls entleert. b) Leere Vertiefungen werden mittels Rakeltechnik mit Aminosäurepartikeln gefüllt. c) Mehrmaliges Durchlaufen des Zyklus führt zu einem kombinatorischen Partikelmuster.

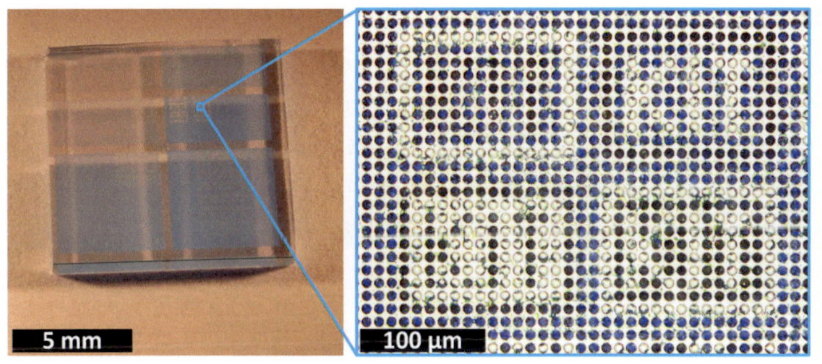

Abbildung 5.28 Mikrostrukturiertes Substrat mit Blockadepartikeln aus Polystyrol (blau). Einzelne Vertiefungen wurden mit Cysteinpartikeln gefüllt (dunkel), andere Vertiefungen wurden geleert (hell), um im nächsten Schritt mit Biotinpartikeln gefüllt zu werden. Durchmesser der Vertiefungen 7 µm, Pitch 10 µm.

Zum Entfernen der Blockadepartikel wurde das Lasersystem aus Abschnitt 4.2 mit dem gepulsten Laser QL532-500-YG, CrystaLaser verwendet. Der Laser wurde mit einem 20-fach Mikroskopobjektiv fokussiert und einzelne Vertiefungen mit ca. 10 Pulsen bei einer Pulsrate von 1 kHz bestrahlt. Anschließend wurden Cysteinpartikel mit einer Rakel aufgetragen, um die leeren Vertiefungen zu füllen. Erneut wurden die Blockadepartikel aus einzelnen Vertiefungen entfernt (Abbildung 5.28) und dann Biotinpartikel aufgerakelt.

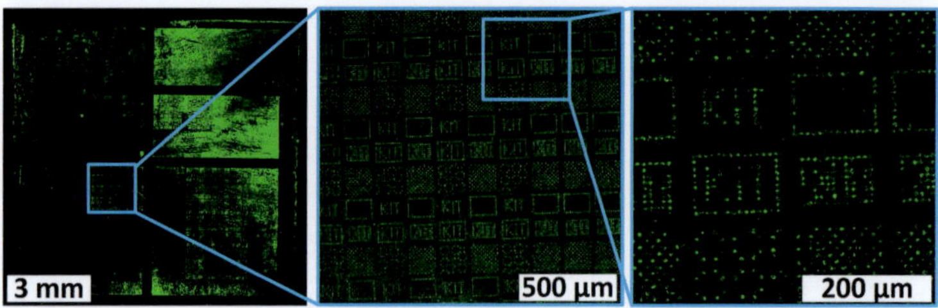

Abbildung 5.29   Fluoreszenzbild der Synthese mit Blockadepartikeln. Die Biotinspots wurden mit Streptavidin detektiert. Die Spots in der Vergrößerung haben einen Pitch von 10 µm und einen Durchmesser von 6 µm (Spotdichte 1.000.000 cm^{-2}).

Für die Kupplungsreaktion wurde das Substrat im Ofen erhitzt, gewaschen und freie Aminogruppen blockiert. Von Cystein wurde die Fmoc-Schutzgruppe entfernt und HA-Peptid aus der Lösung gekuppelt. Anschließend wurden die Biotinspots mit fluoreszenzmarkiertem Streptavidin (Streptavidin Alexa Fluor 546) detektiert und die Cys-HA-Spots mit fluoreszenzmarkierten anti-HA-Antikörpern (anti-HA Cy5). Die einzelnen chemischen Schritte sind in Anhang A4 dokumentiert.

Das Ergebnis des Fluoreszenzscans ist in Abbildung 5.29 dargestellt. Die Cys-HA-Spots konnten nicht detektiert werden. Der Grund hierfür liegt vermutlich darin, dass einer der komplexen chemischen Schritte, um das HA-Peptid zu kuppeln und es mit fluoreszenzmarkierten Anti-HA-Antikörpern zu detektieren, nicht funktioniert hat. Trotzdem lässt sich anhand des deutlichen Fluoreszenzsignals der Biotinspots zeigen, dass die Methode mit den Blockadepartikeln grundsätzlich funktioniert. Es wurden eine Spotdichte von 1 Mio. cm^{-2} erreicht. Da bei dem Verfahren jedoch mehrere Partikelsorten nacheinander aufgerakelt werden, besteht das Risiko, dass es dabei zu Kontaminationen kommt. Das bedeutet, dass Partikel einer Sorte auch in Vertiefungen hängenbleiben, die zuvor schon mit einer anderen Partikelsorte besetzt wurden oder dass sich unterschiedliche Partikelsorten während des Rakelns vermischen.

5.4 Einfluss der Laserstrahlung

In verschiedenen Experimenten wurde ein möglicher negativer Einfluss der Laserstrahlung auf die Chemie der Peptidsynthese untersucht. Dabei wurden sowohl die Aminosäurepartikel, als auch die funktionalisierten Oberflächen betrachtet.

5.4.1 Aminosäurepartikel

Es ist schwierig eine Aussage darüber zu treffen, wie stark die Temperatur punktuell ansteigt, wenn Partikel mit einem Laser erhitzt und angeschmolzen werden. Da nicht ausgeschlossen werden kann, dass dabei die enthaltenen Aminosäuren zerstört werden, wurde dies mit Hilfe von Hochleistungsflüssigkeitschromatographie (HPLC) untersucht.

Exemplarisch wurden Partikel aus der Luftstrahlmühle (Abschnitt 3.1.1) mit der Aminosäure Histidin (His) ausgewählt. Drei Glasobjektträger wurden mit den Aminosäurepartikeln beschichtet und mit dem Laserscanningsystem (Abschnitt 4.1) mit F-Theta Objektiv f_{100} mit 100 % Leistung, aber jeweils unterschiedlichen Pulsdauern (1 ms, 3 ms, 5 ms) bestrahlt. Dabei wurden jeweils ca. 550.000 Spots mit einem Pitch von 50 µm erzeugt. Nicht angeschmolzenen Partikel wurden anschließend mit Druckluft entfernt. Die angeschmolzenen Spots wurden in Dioxan gelöst und mit einer HPLC-Apparatur analysiert.

Die Signale aller drei Proben zeigen in der Auswertung keine signifikanten Unterschiede gegenüber einer nicht bestrahlten Referenz (siehe Abbildung 5.30). Wären Aminosäuren zerstört worden, so wären in dem HPLC-Spektrum zusätzliche Peaks sichtbar oder die relative Höhe der Peaks zueinander hätte sich verändert. Das Messergebnis deckt sich mit den HPLC-Messungen, die für die Bestrahlung von Partikeln mit Asparaginsäure bei einer Laserwellenlänge von 810 nm gewonnen wurden [6].

Beim Transfer von Partikeln mit dem gepulsten Laser, ist kein Effekt auf die Monomere zu erwarten, da die Partikel als Ganzes übertragen werden, ohne ihre Struktur zu verändern. Lediglich die Oberfläche der Partikel und damit der geringe Teil an Monomere, der direkt an der Oberfläche liegt, könnte durch Laserablationseffekte zerstört werden. Da jedoch bei der Peptidsynthese mit einem großen Überschuss an Monomeren gearbeitet wird, ist nicht zu erwarten, dass sich dies negativ auswirkt.

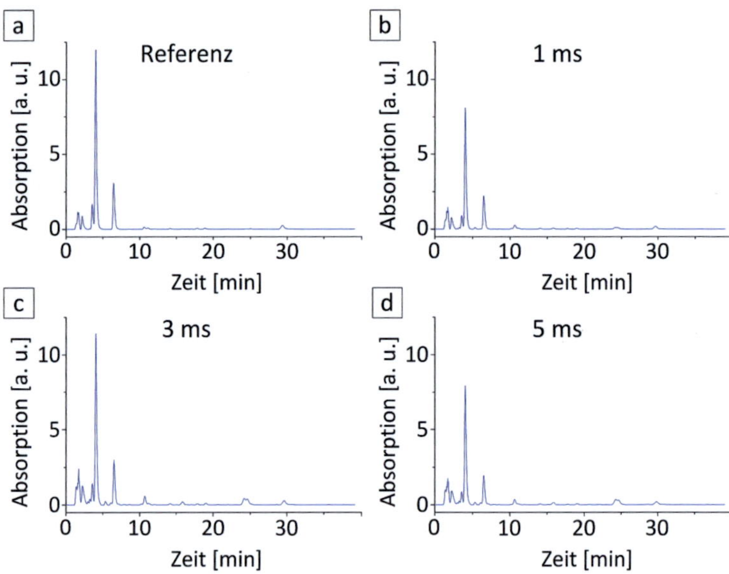

Abbildung 5.30 HPLC-Messungen: Absorption bei 215 nm für Proben die unterschiedliche lange mit dem Laser bestrahlt wurden. a) Nicht bestrahlte Referenz. b) Pulsdauer 1 ms. c) Pulsdauer 3 ms. d) Pulsdauer 5 ms.

5.4.2 Funktionalisierte Oberflächen

Um zu prüfen, ob die funktionalisierten Oberflächen der Träger durch die Laserstrahlung beeinflusst werden, wurden diese bestrahlt und anschließend mit einem Fluoreszenzfarbstoff gefärbt.

Laserscanningsystem

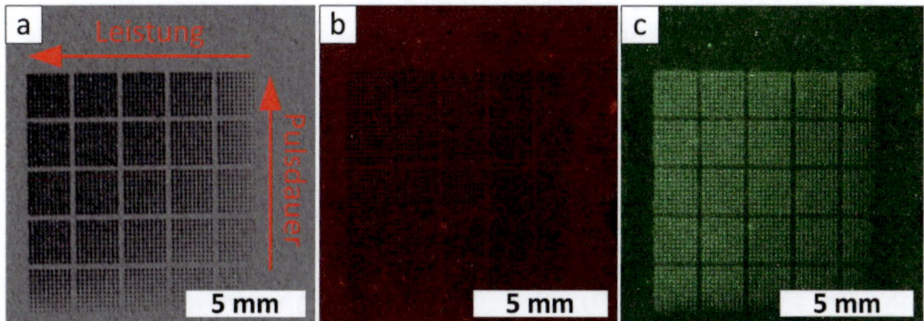

Abbildung 5.31 Einfluss des Lasers auf eine 10:90 PEGMA-co-MMA Oberfläche. a) Partikelschicht mit angeschmolzenen Spots in 25 Blöcken von 10 × 10 Spots. Die Laserleistung wurde linear in 50 Schritten von 2 % auf 100 % und die Pulsdauer linear in 50 Schritten von 0,2 ms auf 10 ms erhöht. b) Fluoreszenzbild bei Anregung mit Wellenlänge 635 nm (GenePix 4000B, Axon Instruments, Laserleistung 100 %, Photomultiplier Gain 600). c) Fluoreszenzbild bei Anregungswellenlänge 532 nm (GenePix 4000B, Axon Instruments, Laserleistung 100 %, Photomultiplier Gain 700)

Da die Oberflächen transparent sind, ist kein direkter Einfluss der Laserstrahlung zu erwarten, da nur eine geringe Absorption der grünen Wellenlänge stattfindet. Entsprechende Experimente haben diese Vermutung bestätigt.

Um die Hitzeeinwirkung der Laserstrahlung zu untersuchen, wurden drei Objektträger mit den in Abschnitt 3.2 beschriebenen Oberflächen PEGMA, 10:90 PEGMA-co-MMA und AEG$_3$-SAM mit Partikeln beschichtet, die nur aus Polymermatrix und Graphit bestanden (Schichtdicke 13-26 µm). Die Partikel wurden mit dem Laserscanningsystem aus Abschnitt 4.1 mit F-Theta Objektiv f_{100} angeschmolzen, wobei die Laserpulsdauer und die Laserenergie systematisch variiert wurden (Abbildung 5.31a). Lose und angeschmolzene Partikel wurden anschließend mit Druckluft und in verschiedenen Waschschritten (3 × 5 min DMF, 2 × 3 min Methanol) entfernt und der Träger mit einem fluoreszenzmarkiertem NHS-Ester gefärbt (1DyLight 680 NHS-Ester, Stammlösung 1 mg NHS-Ester in 1 ml DMF, verdünnt 1:500 in DMF) und anschließend erneut gewaschen. Um unspezifische Ablagerungen des Farbstoffes an der Trägeroberfläche zu minimieren, wurde der Träger über Nacht in Ethyl Acetat geschüttelt und anschließend gescannt. Das Ergebnis für die 10:90 PEGMA-co-MMA-Oberfläche ist in Abbildung 5.31b zu sehen.

Bei der PEGMA- und der PEGMA-co-MMA-Oberfläche sind im Fluoreszenzbild dunkle Punkte zu erkennen, die mit zunehmender Laserleistung und Pulsdauer größer und dunkler werden. Beim AEG_3-SAM ist kein Muster erkennbar, allerdings ist das Fluoreszenzbild insgesamt viel dunkler, bedingt durch die insgesamt niedrigere Anzahl von Aminogruppen an der Oberfläche.

Die Entstehung der dunklen Punkte könnte bedeuten, dass nach der Einwirkung des Lasers weniger Aminogruppen auf der Oberfläche vorhanden waren und deshalb weniger NHS-Ester binden konnte. Allerdings ist der Effekt schwach und erst bei vergleichsweise empfindlichen Einstellungen des Fluoreszenzscanners sichtbar. Weiterhin gibt es Anzeichen, die auf komplexere Vorgänge hindeuten. So wird bei allen drei Oberflächen bei einer Anregung mit 532 nm ein Muster aus hell fluoreszierenden Punkten sichtbar, obwohl bei der Färbung mit DyLight 680 keine Fluoreszenz in diesem Wellenlängenbereich erwartet wird (Abbildung 5.31c). Um dieses Phänomen zu verstehen, sind weitere Experimente mit anderen Analysemethoden notwendig. So könnte zum Beispiel die Reaktionsausbeute der Peptidsynthese bei verschiedenen Laserparametern bestimmt werden. Dies geht jedoch über den Rahmen dieser Dissertation hinaus. Da bereits erfolgreiche

Peptidsynthesen mit Combinatorial Laser Fusing durchgeführt wurden, kann angenommen werden, dass der Einfluss der Laserstrahlung auf die Syntheseoberflächen gering ist. Da jedoch ein negativer Einfluss nicht ausgeschlossen werden kann, sollte immer mit möglichst geringer Laserleistung und Pulsdauer gearbeitet werden.

Gepulster Laser

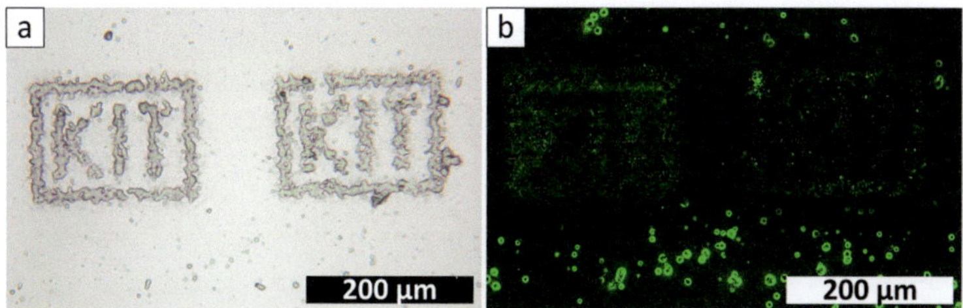

Abbildung 5.32 10:90 PEGMA-co-MMA-Oberfläche nach dem Übertrag von Partikeln mit gepulster Laserstrahlung. a) Lichtmikroskopaufnahme von übertragenen Biotinpartikeln nach der Kupplung im Ofen. b) Fluoreszenzaufnahme nach Waschen und Färbung mit Streptavidin.

Um den Einfluss des gepulsten Lasers auf die Oberfläche des Zielträgers zu untersuchen, wurden Biotinpartikel von einem strukturierten Glasträger auf einen flachen Objektträger mit 10:90 PEGMA-co-MMA-Film übertragen. Dabei wurde der gepulste Laser MATRIX 532-7-30 verwendet. Anschließend folgte das chemische Protokoll aus Anhang A2 für die Kupplung von Biotin und die Färbung mit fluoreszenzmarkiertem Streptavidin (Streptavidin Alexa Fluor 546).

Abbildung 5.32 zeigt das Ergebnis eines Übertrags. Da ein flacher Zielträger verwendet wurde, kam es zur schon bekannten Streuung der Partikel beim Übertrag (vgl. Abschnitt 5.3.1). Das Fluoreszenzbild zeigt bei den seitlich gestreuten Partikeln ein Signal hoher Intensität. Das bedeutet, die Partikel sind nach dem Transfer noch intakt und die Synthese hat funktioniert. An den Stellen des Übertrags, an denen sich die meisten Partikel konzentrieren, ist das Fluoreszenzsignal jedoch deutlich schwächer. Das legt die Vermutung nahe, dass die Oberfläche in irgendeiner Art und Weise beschädigt wurde. Es sind weitere Experimente notwendig, um zu klären, ob dafür die direkte Einwirkung der Photonen, der Wärmeeintrag des Lasers oder die mechanische Einwirkung der beschleunigten Partikel ursächlich sind. Dass der gepulste Laser grundsätzlich einen Einfluss auf die funktionalisierte Oberfläche haben kann, ist eindeutig, da er bei ausreichender Intensität sogar Glas abtragen kann, wie in Abschnitt 5.5 gezeigt wird. Die Zwischenschicht hat beim Combinatorial Laser Transfer also eine wichtige Funktion. Zum einen kann durch sie die nötige Laserintensität herab gesetzt werden und gleichzeitig die Strahlung abgeschirmt werden.

5.5   Positionsmarkierungen

In Abschnitt 4.1.1 ist beschrieben, dass die Glasobjektträger, die für das Combinatorial Laser Fusing verwendet werden, mit Positionsmarkierungen versehen sein müssen, um ein wiederholtes Bearbeiten der Träger zu ermöglichen. Diese Markierungen müssen den Bedingungen einer Peptidsynthese widerstehen, das bedeutet, sie müssen temperaturbeständig (bis min. 90 °C) und lösungsmittelbeständig (DMF, Methanol, Piperidin,...) sein. Wird der gepulste Laser (Abschnitt 4.2) bei hoher Leistung auf ein Glassubstrat fokussiert, so können Ablationseffekte beobachtet werden, die sichtbare Veränderungen im Glas hinterlassen. Werden mehrere Laserpulse nebeneinander gesetzt, indem das Substrat mit dem xy-Tisch bewegt wird, so können beliebige Linien geschrieben werden. Bei zu hoher Laserleistung kann es zu Absplitterungen am Glas kommen. Die minimale Pulsenergie für Ablationseffekte kann reduziert werden, wenn zuvor eine Absorberschicht, wie z. B. Kohlenstoff, auf das Glas aufgebracht wird. Abbildung 5.33 zeigt REM-Aufnahmen einer Glasoberfläche nach den Laserpulsen. Die dabei entstehenden Veränderungen im Material sind typisch für Laserablation [34]. Das Material wurde teilweise verdampft und teilweise geschmolzen. Es bildet sich ein Schmelzkrater, da durch die Dampf- und evtl. auch Plasmabildung flüssiges Material aus dem Krater herausschleudert wird [63]. Ist die Laserintensität zu hoch, kommt es in Folge der starken Erwärmung zu Spannungen und folglich zu Rissen und Abplatzungen im Glas.

Wie bereits in Abbildung 4.8 gezeigt, eignen sich so erzeugte Formen als Positionsmarkierungen für Objektträger bei der Peptidsynthese, da sie mit hoher Präzision erzeugt werden können, gut erkennbar und damit leicht zu detektieren sind und den Synthesebedingungen der Peptidchemie widerstehen.

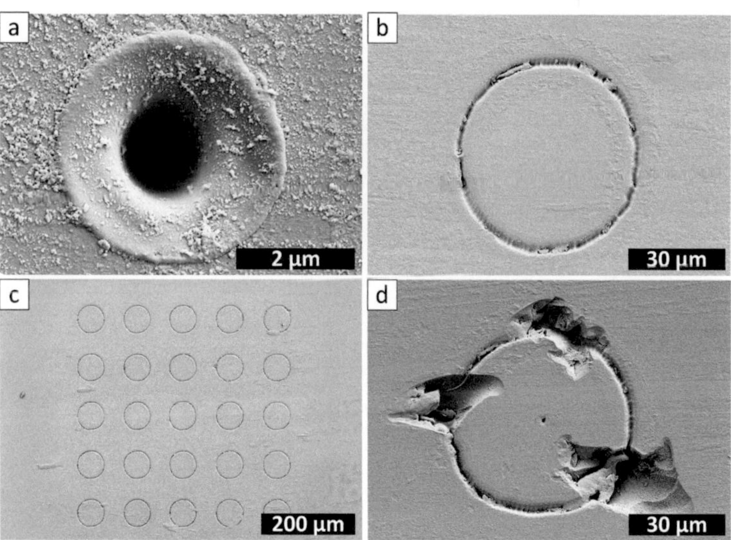

Abbildung 5.33 REM-Aufnahmen von Markierungen in einem Glasträger. a) Vertiefung und Schmelze nach einem einzelnen Laserpuls. b) Mehrere Pulse nebeneinander ergeben Kreise mit einem Durchmesser von 50 µm. c) Positionsmarkierung aus 25 Kreisen. d) Abplatzungen infolge zu hoher Laserintensität.

6 Diskussion

In diesem Kapitel werden die verschieden laserbasierten Verfahren zur Herstellung von Peptidarrays aus dieser Arbeit gegenüber gestellt und die Vor- und Nachteile diskutiert. Anschließend folgen eine Zusammenfassung der wichtigsten Ergebnisse und ein Ausblick auf wichtige zukünftige Experimente und Entwicklungen.

6.1 Vergleich der Verfahren

In Tabelle 12 werden die laserbasierten Verfahren zur Herstellung von Peptidarrays bewertet. Dabei wurden folgende Kriterien ausgewählt:

- Spotdichte: Erreichte Anzahl von Peptid- oder Monomer-Spots pro Fläche.

- Lasereinwirkung: Einfluss der Laserstrahlung auf Partikel und Syntheseoberflächen.

- Kontaminationen: Anzahl der deplatzierten Partikel.

- Zuverlässigkeit: Spots werden an den geforderten Positionen erzeugt und verbleiben auf dem Substrat.

- Substratvorbereitung: Präparation und Bereitstellung der Substrate.

- Partikelbeschichtung: Auftragen der Partikeln auf einen Träger.

- Partikelverbrauch: Gesamtmenge an Partikeln, die zur Synthese eines Peptidarrays benötigt wird.

Tabelle 12 Vergleich der laserbasierten Verfahren zur Herstellung von Peptidarrays

	Combinatorial Laser Fusing mit flachen Substraten	Combinatorial Laser Fusing mit Mikrostrukturen	Combinatorial Laser Transfer	Blockadepartikel
Spotdichte	+	++	++	++
Lasereinwirkung	+	O	+	–
Kontaminationen	O	–	++	–
Zuverlässigkeit	+	–	++	++
Substratvorbereitung	++	O	–	O
Partikelbeschichtung	–	O	+	O
Partikelverbrauch	–	+	++	+

Combinatorial Laser Fusing auf einem flachen Substrat ist das derzeit am besten erprobte Verfahren und hat das Potenzial, zur routinemäßigen Herstellung von Peptidarrays eingesetzt zu werden. Die erreichte Spotdichte liegt bei 40.000 cm^{-2} und damit weit über der kommerzieller Verfahren. Beschränkt ist die Spotgröße letztendlich durch die Größe der Partikeln. Da mit handelsüblichen Objektträgern gearbeitet wird, ist bis auf die Funktionalisierung der Oberfläche keine weitere Substratvorbereitung notwendig. Die Erzeugung homogener Partikelschichten auf den Trägern ist jedoch aufwendig und der Prozess von vielen Parametern abhängig. Dadurch bedingt wird auch eine große

Menge an Partikeln verbraucht. Optimierungsbedarf besteht noch beim Reinigungsschritt. Kontaminationen müssen minimiert werden, während gleichzeitig die angeschmolzenen Spots haften bleiben. Die Auswirkungen der Laserbearbeitung auf die Syntheseoberfläche wurden noch nicht quantitativ erfasst. Allerdings wurde das Verfahren schon durch mehrere Synthesen verifiziert.

Beim Combinatorial Laser Fusing auf einem mikrostrukturierten Träger wurde gezeigt, dass Spotdichten von bis zu $510.000\,\mathrm{cm}^{-2}$ erreicht werden können. Durch die Verwendung mikrostrukturierter Träger kann auf die aufwendige Partikelbeschichtung aus dem Aerosol verzichtet werden und der Partikelverbrauch ist reduziert. Allerdings ist die Herstellung der Mikrostrukturen aufwendig. Bedingt durch die langen Laserpulse sind potentielle negative Auswirkungen der Laserbearbeitung vergrößert und die Prozesszeit erhöht. Beim Reinigungsschritt konnte bisher keine gute Selektivität erreicht werden. So blieben Partikelkontaminationen in nicht bestrahlten Vertiefungen zurück und angeschmolzene Partikel wurden teilweise entfernt. Sofern dieses Problem nicht gelöst wird, erscheint eine Anwendung des Verfahrens nicht sinnvoll.

Combinatorial Laser Transfer zur Herstellung von Peptidarrays wurde in Grundzügen erprobt. Das Verfahren bietet jedoch eine Reihe von Vorteilen, so dass eine Weiterentwicklung sinnvoll erscheint. Es wurde eine Spotdichte von $1.000.000\,\mathrm{cm}^{-2}$ erreicht. Der Übertrag von Partikeln gelingt zuverlässig und es werden kaum Kontaminationen verursacht. Da Mikrostrukturen verwendet werden, ist die Substratherstellung aufwendig. Außerdem müssen die Ausgangsträger mit einer Zwischenschicht versehen werden. Ein Vorteil ist jedoch, dass die Ausgangsträger in einem separaten Prozess vorbereitet werden. Dadurch muss der Zielträger, auf dem die eigentliche Synthese stattfindet, weniger Prozessschritte durchlaufen. Die Beschichtung der Ausgangsträger mittels Rakeltechnik gelingt zuverlässig und der Partikelverbrauch ist gering. Da die Ausgangsträger nur mit jeweils einer Partikelsorte in Kontakt kommen, könnten diese sogar recycelt werden. Das größte Problem ist eine mögliche Beschädigung der Syntheseoberfläche durch den Transfer. Eine Optimierung der Zwischenschicht könnte dieses jedoch zukünftig lösen, da im Gegensatz zu den anderen laserbasierten Verfahren eine direkte Einwirkung der Laserstrahlung auf die Partikel nicht zwingend notwendig ist.

Die Synthese von Peptidarrays durch das Entfernen von Blockadepartikeln wirft prinzipielle Probleme auf, die eine Weiterentwicklung des Verfahrens nicht aussichtsreich erscheinen lassen. Auch bei diesem Verfahren wurde gezeigt, dass eine Spotdichte von $1.000.000\,\text{cm}^{-2}$ erreicht werden kann. Das Entfernen der Blockadepartikel gelingt zuverlässig und der Partikelverbrauch ist durch die Rakeltechnik gering. Da jedoch sequentiell mehrere Partikelsorten aufgerakelt werden, muss davon ausgegangen werden, dass sich diese untereinander vermischen und für Kontaminationen sorgen. Bei diesem Verfahren ist es nicht möglich, die Laserstrahlung durch eine Zwischenschicht abzuschirmen, weshalb die Syntheseoberfläche den direkten Laserpulsen ausgesetzt wird. Durch die Verwendung von Mikrostrukturen ist die Substratvorbereitung aufwendig.

6.2 Zusammenfassung

In dieser Arbeit wurden mehrere laserbasierte Verfahren entwickelt, um spezielle Monomerpartikel kombinatorisch zu strukturieren und damit Peptidarrays und andere molekulare Arrays zu synthetisieren. Dabei wurden die Vorteile verschiedener bestehender Verfahren kombiniert. Das wesentliche Augenmerk lag auf der Erzeugung hoher Spotdichten bei einem Minimum an Verfahrensschritten. Es wurden Spotdichten erreicht, die bisher nur mit lithographischen Verfahren erreicht wurden. Gleichzeitig war nur eine minimale Anzahl an chemischen Kupplungsschritten notwendig, wie dies auch bei anderen partikelbasierten Methoden der Falls ist. Dadurch werden Kosten, Syntheseartefakte und die Prozesszeit minimiert. Die Arbeit hat deshalb einen wesentlichen Beitrag dazu geleistet, die Herstellung von Peptidarrays weiter zu entwickeln und damit neue Anwendungsgebiete für die Peptidarrays zu erschließen.

Die im Rahmen der Arbeit entwickelten Verfahren lassen sich entsprechend ihrer physikalischen Prinzipien in zwei Gruppen einteilen: Beim sogenannten Combinatorial Laser Fusing werden die Partikel durch den Laser erhitzt und angeschmolzen, so dass sie auf einem Syntheseträger haften bleiben. Beim Combinatorial Laser Transfer wird hingegen durch Laserablation eine Stoßwelle erzeugt, die genutzt wird, um entweder Partikel von einem Träger zu entfernen oder um Partikel von einem Träger auf einen zweiten Träger zu übertragen.

Die prinzipielle Eignung des Combinatorial Laser Fusing zur Herstellung von Peptidarrays wurde zu Beginn der Arbeit mit einem bestehenden Aufbau verifiziert. Dabei wurde ein Peptidarray, bestehend aus den Peptiden HA und FLAG hergestellt und mit spezifischen Antikörpern detektiert. Die dabei erreichte Spotdichte betrug 40.000 cm^{-2}, was einem Pitch von 50 µm entspricht. Weiterhin wurde gezeigt, dass die Methode nicht auf die Synthese von Peptidarrays aus Aminosäurepartikeln beschränkt ist, indem Partikel mit Biotin erfolgreich strukturiert und mit fluoreszenzmarkiertem Streptavidin detektiert wurden. Durch den Einsatz von mikrostrukturierten Substraten konnte die Spotdichte bis auf 510.000 cm^{-2} gesteigert werden. Die Partikel wurden dabei mit einem Pitch von 14 µm strukturiert. Die Kupplung, der in den Partikeln enthaltenen Monomere, wurde über Fluoreszenz nachgewiesen.

Um die Prozesszeit zu verringern und zukünftig in größerem Maßstab Peptidarrays mit dem Combinatorial Laser Fusing herstellen zu können, wurde ein Laserscanningsystem geplant und aufgebaut. Der Laserstrahl eines Dauerstrichlasers wird mit einem akustooptischen

Modulator moduliert und mit einem Scankopf auf dem Substrat positioniert. Damit die Substrate wiederholt bearbeitet werden können, verfügt der Aufbau über eine Kamera, die die Position der Substrate detektiert und die Koordinaten automatisch korrigiert, sowie über ein automatisches Kalibrierprogramm. Das Laserscanningsystem wurde validiert und damit erfolgreich einfache Peptidarrays hergestellt. Die Prozesszeit pro Aminosäure und pro Spot lag bei wenigen Millisekunden und die Genauigkeit bei <5 µm.

Für das zweite in dieser Arbeit entwickelte Verfahren, Combinatorial Laser Transfer, wurde ebenfalls ein Lasersystem geplant, aufgebaut und erfolgreich getestet. Es besteht aus einem inversen Mikroskop, an das ein gepulster Laser angebaut wurde, sowie einem motorischen xy-Tisch, um die Probe zu positionieren. Für den gezielten Transfer von Partikeln zwischen Substraten wurde eine spezielle Halterung entworfen, mit der zwei Substrate gegeneinander ausgerichtet werden können. Mithilfe des Systems wurden Partikel mit Laserpulsen von einem mikrostrukturierten Ausgangsträger auf einen ebenfalls mikrostrukturierten Zielträger übertragen. Ein Fluoreszenznachweis zeigte die chemische Kupplung der Monomere aus den Partikeln. Der Pitch betrug 10 µm. Damit wurde gezeigt, dass mit diesem Verfahren die Herstellung von Peptidarrays mit einer Spotdicht von $1.000.000 \text{ cm}^{-2}$ möglich ist.

Weiterhin wurde ein Verfahren getestet, bei dem Blockadepartikel mit Laserpulsen von einem strukturierten Substrat entfernt wurden, um so Syntheseorte für Monomerpartikel freizugeben. Auch hier erfolgte der Nachweis der Synthese über Fluoreszenz und es wurde eine Spotdichte von $1.000.000 \text{ cm}^{-2}$ erreicht.

Eine Bewertung und ein Vergleich der unterschiedlichen Laserverfahren ergab, dass sowohl das Combinatorial Laser Fusing auf flachen Objektträgern, als auch der Combinatorial Laser Transfer weiter entwickelt werden sollten. Beide Verfahren haben das Potenzial zukünftig für die Produktion von Peptidarrays in größerem Maßstab eingesetzt zu werden.

6.3 Ausblick

Zur routinemäßigen Herstellung von Peptidarrays mit Combinatorial Laser Fusing ist eine weitere Automatisierung der Anlage erforderlich. Der gesamte Prozess läuft gegenwärtig in verschiedenen Modulen zur Partikelbeschichtung und zur Laserbearbeitung ab, die parallel entwickelt wurden und die zukünftig miteinander verbunden werden müssen. Die Prozessparameter können weiter optimiert werden, um homogenere Partikelschichten zu erzeugen und um den Reinigungsschritt effizienter zu machen. In systematischen Untersuchungen mit unterschiedlichen chemischen Analysemethoden sollte der Einfluss der Laserstrahlung auf die Monomerpartikel und die Syntheseoberflächen genauer untersucht werden.

Die Herstellung von Peptidarrays mit Combinatorial Laser Transfer hat ein hohes Potenzial bezüglich der Spotdichte. Deshalb lohnt es sich, das Verfahren weiter zu entwickeln. Der Einfluss der Laserpulse auf die Syntheseoberflächen muss genauer untersucht werden. Anschließend können zum Beispiel die Zwischenschichten auf dem Ausgangsträger optimiert werden, so dass die Pulsenergie reduziert werden kann und die Laserstrahlung besser abschirmt wird. Da mikrostrukturierte Substrate eingesetzt werden, muss auch die Herstellung dieser Substrate zukünftig in größeren Mengen möglich sein. Eine Möglichkeit ist das Heißprägen der Strukturen [57]. Hierzu laufen bereits Vorexperimente mit einem lithografisch und galvanisch hergestellten Formeinsatz aus Nickel (Shim-Formeinsatz) und einem speziellen Glas mit niedriger Glasübergangstemperatur.

Grundsätzlich könnte zukünftig auf den Einsatz von Partikeln verzichten werden. So können zum Beispiel dünne Folien eingesetzt werden, die mit dem Laser bestrahlt werden, so dass Material aus der Folie als Spot auf dem Syntheseträger verbleibt.

Die laserbasierten Verfahren ermöglichen in naher Zukunft die Herstellung von hochdichten Peptidarrays. Damit wird die kostengünstige Durchführung vieler Anwendungen möglich. Zum Beispiel Hochdurchsatzscreenings, um bestimmte Binder zu finden, was die Entwicklung neuer Therapeutika ermöglicht oder die Entdeckung von Peptiden mit Diodeneigenschaften, was zur Entwicklung neuartige Solarzellen beitragen würde.

Anhang

A1. Synthese von FLAG und HA

Peptidsynthese

Für jede Lage des Peptidarrays wurden folgende Schritte wiederholt:

- Kupplungsreaktion: unter Stickstoffatmosphäre 60 min auf 90 °C erhitzen
- Entfernen von Matrix und überschüssigen Aminosäuren und Blockieren freier Aminogruppen: 1 × 5 min und 1 × 20 min schütteln in ESA-DIPEA-DMF (Volumenverhältnis 1:2:7)
- Waschschritt: 2 × 5 min DMF, 1 × 5 min Aceton, 1 × 5 min DMF
- Fmoc-Schutzgruppen abspalten: 30 min 20 % (v/v) Piperidin in DMF
- Waschschritt: 3 × 5 min DMF, 2 × 3 min Methanol

Nach Ende der Peptidsynthese wurden die Seitenschutzgruppen entfernt:

- Seitenschutzgruppen entfernen: 1 × 30 min DCM, 3 × 30 min 51 % (v/v) TFA, 3 % (v/v) Triisobutylsilan (TiBS), 44 % (v/v) DCM, 2 % (v/v) H_2O
- Waschschritt: 2 × 5 min DCM, 1 × 5 min DMF, 1× 30 min 5 % (v/v) DIPEA in DMF, 2 × 5 min DMF, 2 × 5 min Methanol
- Trocknen mit Druckluft

Immunfärbung

- Waschschritt: 1 × 10 min PBS-T pH 7,4

- Unspezifische Proteinbindungen blockieren: 1 h Rockland Blocking Buffer

- Waschschritt: 1 × 10 s PBS-T pH 7,4

- Monoklonale Anti-FLAG-Antikörper (Maus M2 IgG1, Sigma, USA) vedünnt im Verhältnis 1:1000 in PBS-T und 1:10 in Rockland Blocking Buffer

- Sekundärantikörper: Färbung mit Anti-Maus-Antikörpern mit Dy-Light 680 (KPL Inc., USA)

- Monoklonale Anti-HA-Antikörper (Maus 12CA5 IgG, Dr. G. Moldenhauer, Deutsches Krebsforschungszentrum) vedünnt im Verhältnis 1:1000 in PBS-T und 1:10 in Rockland Blocking Buffer

- Sekundärantikörper: Färbung mit Ziege Anti-Maus mit Alexa Fluor 488 (Molecular Probes/Invitrogen, USA)

A2. Kuppeln von Biotin und Fluoreszenzfärbung

- Kupplungsreaktion: unter Argonatmosphäre 90 min auf 90 °C erhitzen

- Waschschritt: 1 × Abspülen mit Aceton, 3 × 5 min DMF, 2 × 3 min Methanol

- Blockieren freier Aminogruppen: 2 h ESA-DIPEA-DMF im Volumenverhältnis 1:2:7

- Waschschritt: 3 × 5 min DMF, 2 × 3 min Methanol

- Trocknen mit Druckluft

- Waschschritt: 1 × 15 min PBS-T pH 7,4

- Unspezifische Proteinbindungen blockieren: 1 h Rockland Blocking Buffer

- Fluoreszenzfärbung: 1 h 5 µl Streptavidin Alexa Fluor 546 in 5 µl Rockland Blocking Buffer und 5 ml PBS T pH 7,4

- Waschschritt: 6 × 5 min PBS-T, 2 × 2 min H2O

- Trocknen mit Druckluft

A3. Peptidsynthese mit Laserscanningsystem

Kuppeln von Monomeren aus Monomerpartikeln

- Kupplungsreaktion: unter Argonatmosphäre 90 min auf 90 °C erhitzen

- Waschschritt: 3 × 5 min DMF, 2 × 3 min Methanol

- Blockieren freier Aminogruppen: 2 h ESA-DIPEA-DMF im Volumenverhältnis 1:2:7

- Waschschritt: 3 × 5 min DMF, 2 × 3 min Methanol

- Fmoc-Schutzgruppen abspalten: 20 min 20 % (v/v) Piperidin in DMF

- Waschschritt: 3 × 5 min DMF, 2 × 3 min Methanol

Fluoreszenzfärbung NHS-Ester

- Waschschritt: 1 × 15 min PBS-T pH 7,4

- Fluoreszenzfärbung: 2 h Stammlösung (1 mg DyLight 650 NHS-Ester in 1 ml DMF) verdünnt mit PBS-T pH 7,4 im Volumenverhältnis 1:100

- Waschschritt: 3 × 5 min PBS-T pH 7,4

Fluoreszenzfärbung Streptavidin

- Waschschritt: 1 × 15 min PBS-T pH 7,4

- Unspezifische Proteinbindungen blockieren: 30 min Rockland Blocking Buffer

- Waschschritt: 1 × 1 min PBS-T pH 7,4

- Fluoreszenzfärbung: 1 h Streptavidin DyLight 550 - Rockland Blockig Buffer - PBS-T im Volumenverhältnis 1:1.000:9.000

- Waschschritt: 1 × 30 s PBS-T pH 7,4, 1 × 1 min PBS-T pH 7,4, 1 × 2 min PBS-T pH 7,4, 2 × abspülen mit H_2O

A4. Kuppeln von HA-Peptid und Fluoreszenzfärbung

Kuppeln von Monomeren aus Monomerpartikeln

- Kupplungsreaktion: unter Argonatmosphäre 90 min auf 90 °C erhitzen

- Waschschritt: 3 × 5 min DMF, 2 × 3 min Methanol

- Blockieren freier Aminogruppen: 2 h ESA-DIPEA-DMF im Volumenverhältnis 1:2:7

- Waschschritt: 3 × 5 min DMF, 2 × 3 min Methanol

- Fmoc-Schutzgruppen abspalten: 20 min 20 % (v/v) Piperidin in DMF

- Waschschritt: 3 × 5 min DMF, 2 × 3 min Methanol

Kuppeln HA-Peptid

- Herstellung Lösung I: 2,2 mg HA-Peptid: (Aminosäuresequenz: [Gly]$_3$-Tyr-Pro-Tyr-Asp-Val-Pro-Asp-Tyr-Ala-[Gly]$_3$) in 500 µl DMF$_{dry}$ lösen

- Herstellung Lösung II: 2,7 mg 1-Hydroxybenzotriazol (HOBt) und 10,4 mg Benzotriazol-1-yl-oxytripyrrolidinophosphonium hexafluorophosphat (PyBOP) in 1000 µl DMF$_{dry}$ lösen

- Mischen: jeweils 250 µl von Lösung I und Lösung II mischen und 5 min rühren, 1,7 µl DIPEA zugeben

- Substrat mit 100 µl der Lösung überschichten im Exsikkator unter Argonatmosphäre

- Kuppeln über Nacht unter Argonatmosphäre

- Waschschritt: 3 × 5 min DMF

- Blockieren freier Aminogruppen: 2 h ESA-DIPEA-DMF im Volumenverhältnis 1:2:7

- Waschschritt: 3 × 5 min DMF, 2 × 3 min Methanol

- Trocknen mit Druckluft

- Fmoc-Schutzgruppen abspalten: 20 min 20 % (v/v) Piperidin in DMF

- Waschschritt: 3 × 5 min DMF, 2 × 3 min Methanol

- Seitenschutzgruppen entfernen: 3 × 30 min Lösung aus: 25,5 ml TFA, 22 ml DCM, 1,5 ml TiBS, 1 ml H$_2$O

- Waschen 2 × 5 min DCM, 1 × 5 min DMF

- Trocknen mit Druckluft

Färbung mit fluoreszenzmarkiertem anti-HA und Streptavidin

- Waschschritt: 1 × 15 min PBS-T pH 7,4

- Unspezifische Proteinbindungen blockieren: 1 h Rockland Blocking Buffer

- Waschen: 1 × 5 min PBS-T mit 1 % Rockland Blocking Buffer (v/v)

- Fluoreszenzfärbung: 1 h 3 µl Streptavidin Alexa Fluor 546 und 3 µl Rockland Blocking Buffer in 3 ml PBS-T pH 7,4

- Waschschritt: 5 × 2 min PBS-T pH 7,4

- Fluoreszenzfärbung: 1 h 5 µl anti-HA Cy5 in 5 ml PBS-T pH 7,4

- Waschschritt: 6 × 5 min PBS T, 2 × 2 min H_2O

- Trocknen mit Druckluft

Literaturverzeichnis

1. Schirwitz, C., F.F. Loeffler, T. Felgenhauer, V. Stadler, F. Breitling, and F.R. Bischoff, Sensing Immune Responses with Customized Peptide Microarrays. Biointerphases, 2012. 7(1-4): p. 1-9.
2. Stafford, P., R. Halperin, J.B. Legutki, D.M. Magee, J. Galgiani, and S.A. Johnston, Physical Characterization of the "Immunosignaturing Effect". Molecular & Cellular Proteomics, 2012. 11(4): p. M111. 011593.
3. Shukla, N.M., D.B. Salunke, R. Balakrishna, C.A. Mutz, S.S. Malladi, and S.A. David, Potent adjuvanticity of a pure TLR7-agonistic imidazoquinoline dendrimer. PloS one, 2012. 7(8): p. e43612.
4. Pröll, F., B. Möhrle, M. Kumpf, and G. Gauglitz, Label-free characterisation of oligonucleotide hybridisation using reflectometric interference spectroscopy. Analytical and bioanalytical chemistry, 2005. 382(8): p. 1889-1894.
5. Märkle, F., A. Nesterov-Müller, F.F. Löffler, S. Schillo, K. Leibe, V. Bykovskaya, and C.v. Bojnicic-Kninski, Patentanmeldung PCT/EP2013/001141: Verfahren zur kombinatorischen Partikelablagerung zur Herstellung von hochdichten Molekülarrays, insbesondere von Peptidarrays. Anmeldedatum 17.04.13.
6. Maerkle, F., F.F. Loeffler, S. Schillo, T. Foertsch, B. Muenster, J. Striffler, C. Schirwitz, F.R. Bischoff, F. Breitling, and A. Nesterov-Mueller, High-Density Peptide Arrays with Combinatorial Laser Fusing. Advanced Materials, 2014. 26(22): p. 3730–3734.
7. Märkle, F., Kombinatorische Ablagerung von Biopartikeln mit Hilfe von Laserstrahlung. Diplomarbeit, 2010. Fakultät für Physik und Astronomie, Ruprecht-Karls-Universität Heidelberg
8. Merrifield, R.B., Solid phase peptide synthesis. I. The synthesis of a tetrapeptide. Journal of the American Chemical Society, 1963. 85(14): p. 2149-2154.
9. Bog, U., K. Huska, F. Maerkle, A. Nesterov-Mueller, U. Lemmer, and T. Mappes, Design of plasmonic grating structures towards

optimum signal discrimination for biosensing applications. Optics Express, 2012. 20(10): p. 11357-11369.

10. Frank, R., The SPOT-synthesis technique: synthetic peptide arrays on membrane supports—principles and applications. Journal of immunological methods, 2002. 267(1): p. 13-26.

11. Frank, R., Spot-Synthesis - an Easy Technique for the Positionally Addressable, Parallel Chemical Synthesis on a Membrane Support. Tetrahedron, 1992. 48(42): p. 9217-9232.

12. Buus, S., J. Rockberg, B. Forsstrom, P. Nilsson, M. Uhlen, and C. Schafer-Nielsen, High-resolution Mapping of Linear Antibody Epitopes Using Ultrahigh-density Peptide Microarrays. Molecular & Cellular Proteomics, 2012. 11(12): p. 1790-1800.

13. Fodor, S.P., J.L. Read, M.C. Pirrung, L. Stryer, A.T. Lu, and D. Solas, Light-directed, spatially addressable parallel chemical synthesis. Science, 1991. 251(4995): p. 767.

14. Pellois, J.P., X.C. Zhou, O. Srivannavit, T.C. Zhou, E. Gulari, and X.L. Gao, Individually addressable parallel peptide synthesis on microchips. Nature Biotechnology, 2002. 20(9): p. 922-926.

15. Stadler, V., T. Felgenhauer, M. Beyer, S. Fernandez, K. Leibe, S. Güttler, M. Gröning, K. König, G. Torralba, and M. Hausmann, Kombinatorische Synthese von Peptidarrays mit einem Laserdrucker. Angewandte Chemie, 2008. 120(37): p. 7241-7244.

16. Beyer, M., A. Nesterov, I. Block, K. König, T. Felgenhauer, S. Fernandez, K. Leibe, G. Torralba, M. Hausmann, and U. Trunk, Combinatorial synthesis of peptide arrays onto a microchip. Science, 2007. 318(5858): p. 1888.

17. Nesterov, A., K. König, T. Felgenhauer, V. Lindenstruth, U. Trunk, S. Fernandez, M. Hausmann, F.R. Bischoff, F. Breitling, and V. Stadler, Precise selective deposition of microparticles on electrodes of microelectronic chips. Review of Scientific Instruments, 2008. 79: p. 035106.

18. Löffler, F., J. Wagner, K. König, F. Märkle, S. Fernandez, C. Schirwitz, G. Torralba, M. Hausmann, V. Lindenstruth, and F. Bischoff, High-Precision Combinatorial Deposition of Micro Particle Patterns on a Microelectronic Chip. Aerosol Science and Technology, 2011. 45(1): p. 65-74.

19. Nesterov, A., E. Dörsam, Y.C. Cheng, C. Schirwitz, F. Märkle, F. Löffler, K. König, V. Stadler, R. Bischoff, and F. Breitling, Peptide arrays with a chip. Methods in molecular biology (Clifton, NJ), 2010. 669: p. 109.

20. Loeffler, F., C. Schirwitz, J. Wagner, K. Koenig, F. Maerkle, G. Torralba, M. Hausmann, F.R. Bischoff, A. Nesterov-Mueller, and F. Breitling, Biomolecule Arrays Using Functional Combinatorial Particle Patterning on Microchips. Advanced Functional Materials, 2012.

21. Ready, J.F. and L.I.o. America, LIA Handbook of laser materials processing. 2001, Heidelberg: Springer. XXV, 715 S.

22. Wilkes, J.I., Selektives Laserschmelzen zur generativen Herstellung von Bauteilen aus hochfester Oxidkeramik. Dissertation, 2009. Fakultät für Maschinenwesen, Rheinisch-Westfälische Technische Hochschule Aachen

23. Regenfuss, P., A. Streek, L. Hartwig, S. Klötzer, T. Brabant, M. Horn, R. Ebert, and H. Exner, Principles of laser micro sintering. Rapid Prototyping Journal, 2007. 13(4): p. 204-212.

24. Palla-Papavlu, A., V. Dinca, C. Luculescu, J. Shaw-Stewart, M. Nagel, T. Lippert, and M. Dinescu, Laser induced forward transfer of soft materials. Journal of Optics, 2010. 12(12): p. 124014.

25. Singh, S.C., Nanomaterials processing and characterization with lasers. 2012, Weinheim: Wiley-VCH. XXXI, 777 S.

26. Chrisey, D., A. Pique, R. Modi, H. Wu, R. Auyeung, and H. Young, Direct writing of conformal mesoscopic electronic devices by MAPLE DW. Applied Surface Science, 2000. 168(1): p. 345-352.

27. Hopp, B., T. Smausz, N. Kresz, N. Barna, Z. Bor, L. Kolozsvari, D.B. Chrisey, A. Szabó, and A. Nógrádi, Survival and proliferative ability of various living cell types after laser-induced forward transfer. Tissue Engineering, 2005. 11(11-12): p. 1817-1823.

28. Shaw-Stewart, J.R., T.K. Lippert, M. Nagel, F.A. Nüesch, and A. Wokaun, Sequential printing by laser-induced forward transfer to fabricate a polymer light-emitting diode pixel. ACS Applied Materials & Interfaces, 2012. 4(7): p. 3535-3541.

29. Serra, P., M. Colina, J.M. Fernández-Pradas, L. Sevilla, and J.L. Morenza, Preparation of functional DNA microarrays through laser-induced forward transfer. Applied Physics Letters, 2004. 85(9): p. 1639-1641.

30. Dinca, V., E. Kasotakis, J. Catherine, A. Mourka, A. Mitraki, A. Popescu, M. Dinescu, M. Farsari, and C. Fotakis, Development of peptide-based patterns by laser transfer. Applied Surface Science, 2007. 254(4): p. 1160-1163.

31. Bahaa, E.S. and C.T. Malvin, Grundlagen der Photonik, 2008, Wiley-VHC.

32. Eichler, J., L. Dünkel, and B. Eppich, Die Strahlqualität von Lasern—Wie bestimmt man Beugungsmaßzahl und Strahldurchmesser in der Praxis? Laser Technik Journal, 2004. 1(2): p. 63-66.

33. Eichler, J. and H.-J. Eichler, Laser Bauformen, Strahlführung, Anwendungen. 7., aktualisierte Aufl. ed. 2010, Berlin Heidelberg: Springer. XI, 490 S.

34. Allmen, M.v. and A. Blatter, Laser beam interactions with materials physical principles and applications; with 7 tables. 2., updated ed., updated printing ed. Springer series in materials science. 1998, Berlin Heidelberg [u.a.]: Springer. XI, 194 S.

35. Lüders, K. and G.v. Oppen, Lehrbuch der Experimentalphysik 1 Mechanik, Akustik, Wärme [43 Tabellen]. 12., völlig neu bearb. Aufl. ed. 2008, Berlin [u.a.]: de Gruyter. X, 846 S.

36. Förtsch, T., Simulationen zur ortsgenauen Partikeldeposition mit dem CMOS-Peptid Chip und durch Selective Laser Fusing. Bachelor Thesis, 2011. Kirchhoff-Institut für Physik, Universität Heidelberg

37. Dill, K.A. and S. Bromberg, Molecular driving forces statistical thermodynamics in chemistry and biology. 2003, New York London: Garland. XX, 666 S.

38. Hubbe, M.A., Theory of detachment of colloidal particles from flat surfaces exposed to flow. Colloids and Surfaces, 1984. 12: p. 151-178.

39. Zimon, A.D., Adhesion of dust and powder. 2d ed. 1982, New York: Consultants Bureau. xi, 438 p.

40. Johnson, K.L. and J.A. Greenwood, An adhesion map for the contact of elastic spheres. Journal of Colloid and Interface Science, 1997. 192(2): p. 326-333.

41. Cheng, W., P.F. Dunn, and R.M. Brach, Surface roughness effects on microparticle adhesion. Journal of Adhesion, 2002. 78(11): p. 929-965.

42. Demtröder, W., Experimentalphysik 1 Mechanik und Wärme. 6., neu bearb. und akt. Aufl. ed. 2013, Berlin Heidelberg: Springer Spektrum. XVI, 468 S.

43. Israelachvili, J.N., Intermolecular and surface forces: revised third edition. 2011: Academic press.

44. Miller, J.C., Laser ablation and desorption. Experimental methods in the physical sciences. 1998, San Diego [u.a.]: Academic Press. XVII, 647 S.

45. Steen, W.M., Laser material processing. 3. ed. ed. 2003, London Berlin Heidelberg [u.a.]: Springer. XV, 408 S.

46. Muenster, B., Entwicklung von Mikropartikeln für die kombinatorische Synthese hochdichter Peptidarrays durch laserbasierte Verfahren. Dissertation, 2014. Fakultät für Chemie und Biowissenschaften, Karlsruher Institut für Technologie

47. Klein, R., Laser welding of plastics. 2012, Weinheim: Wiley-VCH. VIII, 251 S.

48. Bykovskaya, V., Laser Supported Transfer and Patterning of Microparticles. Master Thesis, 2012. Institute of Microstructure Technology, Karlsruhe Institute of Technology

49. Striffler, J., Replikation von µ-Peptidarrays. Dissertation, 2014. Fakultät für Chemie und Biowissenschaften, Karlsruher Institut für Technologie

50. Beyer, M., T. Felgenhauer, F. Ralf Bischoff, F. Breitling, and V. Stadler, A novel glass slide-based peptide array support with high functionality resisting non-specific protein adsorption. Biomaterials, 2006. 27(18): p. 3505-3514.

51. Stadler, V., R. Kirmse, M. Beyer, F. Breitling, T. Ludwig, and F.R. Bischoff, PEGMA/MMA copolymer graftings: generation, protein resistance, and a hydrophobic domain. Langmuir, 2008. 24(15): p. 8151-8157.

52. Schirwitz, C., Purification of Peptides in High-Complexity Arrays: A New Method for the Specific Surface Exchange and Purification of Entire Peptide Libraries. 2013: Springer.

53. Schillo, S., Prozessentwicklung für die Automatisierung von Herstellung und Anwendung hochdichter Peptidarrays. Dissertation, 2014. Fakultät für Maschinenbau, Karlsruher Institut für Technologie

54. Rupp, T., Entwicklung eines Beschichtungsprozesses für die Strukturierung von Aminosäurepartikeln. Studienarbeit, 2012. Fakultät für Maschinenbau, Karlsruher Institut für Technologie

55. Freudigmann, H.-A., Optimierung des Beschichtungsverfahrens zur Herstellung von hochdichten Peptidarrays mittels selektiven Laseranschmelzen Diplomarbeit, 2013. Institut für Mikrostrukturtechnik, Karlsruher Institut für Technologie

56. Schillo, S., K.L. Hahn, H.-A. Freudigmann, F. Märkle, A. Nesterov-Mueller, F. Breitling, F.F. Loeffler, J. Striffler, B. Muenster, and T. Rupp, Patentanmeldung 102013113169.7: Vorrichtung und Verfahren zur Herstellung von Partikelschichten und deren Verwendung. Anmeldedatum 28.11.2013.

57. Menz, W., J. Mohr, and O. Paul, Mikrosystemtechnik für Ingenieure. 3., vollst. überarb. und erw. Aufl. ed. 2005, Weinheim: Wiley-Vch. XVI, 574 S.

58. Haynes, W.M., D.R. Lide, and T.J. Bruno, CRC Handbook of Chemistry and Physics 2012-2013. 2012: CRC press.

59. Bojnicic-Kninski, C.v., Optimierung eines Lasersystems zum ortsgenauen Transfer von Mikropartikeln. Studienarbeit, 2014. Fakultät für Maschinenbau und Mechatronik, Hochschule Karlsruhe - Technik und Wirtschaft

60. Stadler, V., T. Felgenhauer, M. Beyer, S. Fernandez, K. Leibe, S. Güttler, M. Gröning, K. König, G. Torralba, and M. Hausmann, Combinatorial synthesis of peptide arrays with a laser printer. Angewandte Chemie International Edition, 2008. 47(37): p. 7132-7135.

61. König, K., CMOS – Based Peptide Arrays. 2010. Combined Faculties for the Natural Sciences and for Mathematics, Ruperto-Carola University of Heidelberg

62. Bojnicic-Kninski, C.v., Entwicklung eines Lasersystems zum ortsgenauen Transfer von Mikropartikeln. Bachelor Thesis, 2012. Fakultät für Maschinenbau und Mechatronik, Hochschule Karlsruhe - Technik und Wirtschaft

63. Hügel, H. and T. Graf, Laser in der Fertigung Strahlquellen, Systeme, Fertigungsverfahren. 2., neu bearb. Aufl. ed. Studium. 2009, Wiesbaden: Vieweg + Teubner. IX, 404 S.

Danksagung

An dieser Stelle möchte ich meinen Kolleginnen und Kollegen am IMT danken, da diese Arbeit ohne ihre Mithilfe nicht zustande gekommen wäre. Für die produktive Zusammenarbeit und das gute Arbeitsklima möchte ich mich ganz besonders bei den Arbeitsgruppen „Molekulare Suchmaschinen" unter Leitung von PD Dr. Alexander Nesterov-Müller und „Peptidarrays" unter Leitung von PD Dr. Frank Breitling bedanken.

Insbesondere möchte ich mich bedanken bei:

- Prof. Dr. Volker Saile für die Übernahme des Hauptreferates
- apl. Prof. Dr. Reiner Dahint für die Übernahme des Korreferates
- PD Dr. Alexander Nesterov-Müller für die Übernahme des Korrefe rates und die intensive Begleitung und Betreuung meiner Arbeit
- PD Dr. Frank Breitling für die Einladung ans KIT, für jede Menge kreativer Ideen und die Möglichkeit an EU-Projekten mitzuarbeiten
- Dr. Lothar Hahn für die Unterstützung bei Fragen aller Art, von der Verwaltung über das Qualitätsmanagement bis hin zu technischen Details
- Sebastian Schillo für unzählige konstruktive Dialoge und die lustige gemeinsame Zeit im Büro
- Dr. Fanny Liu für die gute Zusammenarbeit
- Jakob Striffler für die Funktionalisierung der mikrostrukturierten Substrate
- Dr. Christopher Schirwitz für die Herstellung der AEG_3-Oberflächen

- Bastian Münster für die Herstellung der Monomerpartikeln

- Dr. Felix Löffler für die Mitarbeit bei der Synthese des Peptidarrays aus FLAG und HA

- Miriam Soehindrijo für die Hilfe bei diversen Fluoreszenzfärbungen

- Anitha Golla für die Hilfe bei den Fluoreszenzaufnahmen

- Tobias Förtsch für die Hilfestellung bei der Matlab-Programmierung

- Karin Herbster für die Durchführung zahlreicher Bestellungen

Außerdem möchte ich mich bei allen bedanken, die in Form von studentischen Arbeiten zu dieser Dissertation beigetragen haben:

- Clemens von Bojničić-Kninski für den Aufbau des gepulsten Lasers und die Durchführung von Experimenten zum Combinatorial Laser Transfer

- Valentina Bykovskaya für die Herstellung der mikrostrukturierten Substrate und ihre Mithilfe bei den Experimenten mit Blockadepartikeln

- Md. Samiul Hasan für die Programmierung der Mustererkennung

- Martin Plewik für die Hilfe beim Aufbau des Laserscanningsystems

- Roman Popov für die Hilfe bei der Vermessung des Laserfokus

- Christoph Rübel & Arndt Freudigmann für die Herstellung von Partikelschichten

Ein besonderes Dankeschön geht an meine Eltern, die mich immer unterstützt haben und an meine Freundin Julia Ceglarek, die immer für mich da war, mich in den richtigen Momenten entweder aufgeheitert, abgelenkt oder ermutigt hat und mir den nötigen Rückhalt gegeben hat.

Publikationsliste

Publikationen

- Maerkle, F., F.F. Loeffler, S. Schillo, T. Foertsch, B. Muenster, J. Striffler, C. Schirwitz, F.R. Bischoff, F. Breitling, and A. Nesterov-Mueller, *High-Density Peptide Arrays with Combinatorial Laser Fusing.* Advanced Materials, 2014. **26**(22): p. 3730–3734.
- Bog, U., K. Huska, F. Maerkle, A. Nesterov-Mueller, U. Lemmer, and T. Mappes, *Design of plasmonic grating structures towards optimum signal discrimination for biosensing applications.* Optics Express, 2012. **20**(10): p. 11357-11369.
- Loeffler, F., C. Schirwitz, J. Wagner, K. Koenig, F. Maerkle, G. Torralba, M. Hausmann, F.R. Bischoff, A. Nesterov-Mueller, and F. Breitling, *Biomolecule Arrays Using Functional Combinatorial Particle Patterning on Microchips.* Advanced Functional Materials, 2012. **22**(12): p. 2503–2508
- Breitling, F., F. Loffler, C. Schirwitz, Y.C. Cheng, F. Markle, K. Konig, T. Felgenhauer, E. Dorsam, R. Bischoff, and A. Nesterov-Muller, *Alternative Setups for Automated Peptide Synthesis.* Mini-Reviews in Organic Chemistry, 2011. **8**(2): p. 121-131.
- Löffler, F., J. Wagner, K. König, F. Märkle, S. Fernandez, C. Schirwitz, G. Torralba, M. Hausmann, V. Lindenstruth, and F. Bischoff, *High-Precision Combinatorial Deposition of Micro Particle Patterns on a Microelectronic Chip.* Aerosol Science and Technology, 2011. **45**(1): p. 65-74.
- Nesterov, A., E. Dörsam, Y.-C. Cheng, C. Schirwitz, F. Märkle, F. Löffler, K. König, V. Stadler, R. Bischoff, and F. Breitling, *Peptide arrays with a chip. Small Molecule Microarrays.* 2010, Springer. p. 109-124.

Patentanmeldungen

- Märkle, F., A. Nesterov-Müller, F.F. Löffler, S. Schillo, K. Leibe, V. Bykovskaya, and C.v. Bojnicic-Kninski, Patentanmeldung PCT/EP2013/001141: *Verfahren zur kombinatorischen Partikelablagerung zur Herstellung von hochdichten Molekülarrays, insbesondere von Peptidarrays.* Anmeldedatum 17.04.13.
- Schillo, S., K.L. Hahn, H.-A. Freudigmann, A. Nesterov-Mueller, F. Breitling, F. Maerkle, F.F. Loeffler, J. Striffler, B. Muenster, and T. Rupp, Patentanmeldung 102013113169.7: *Vorrichtung und Verfahren zur Herstellung von Partikelschichten und deren Verwendung.* Anmeldedatum 28.11.2013.
- Striffler, J., S. Schillo, C. Schirwitz, L. Hahn, A. Golla, F. Märkle, F. Breitling, and A. Nesterov-Müller, Patentanmeldung 102014102434.3: *Verfahren, Vorrichtung und Verwendung zum Übertragen von Molekülarrays.* Anmeldedatum 25.02.2014.

Schriften des Instituts für Mikrostrukturtechnik
am Karlsruher Institut für Technologie (KIT)

ISSN 1869-5183

Herausgeber: Institut für Mikrostrukturtechnik

Die Bände sind unter www.ksp.kit.edu als PDF frei verfügbar
oder als Druckausgabe zu bestellen.

Band 1   Georg Obermaier
Research-to-Business Beziehungen: Technologietransfer durch
Kommunikation von Werten (Barrieren, Erfolgsfaktoren und
Strategien). 2009
ISBN 978-3-86644-448-5

Band 2   Thomas Grund
Entwicklung von Kunststoff-Mikroventilen im Batch-Verfahren. 2010
ISBN 978-3-86644-496-6

Band 3   Sven Schüle
Modular adaptive mikrooptische Systeme in Kombination
mit Mikroaktoren. 2010
ISBN 978-3-86644-529-1

Band 4   Markus Simon
Röntgenlinsen mit großer Apertur. 2010
ISBN 978-3-86644-530-7

Band 5   K. Phillip Schierjott
Miniaturisierte Kapillarelektrophorese zur kontinuierlichen Über-
wachung von Kationen und Anionen in Prozessströmen. 2010
ISBN 978-3-86644-523-9

Band 6   Stephanie Kißling
Chemische und elektrochemische Methoden zur Oberflächenbe-
arbeitung von galvanogeformten Nickel-Mikrostrukturen. 2010
ISBN 978-3-86644-548-2

Schriften des Instituts für Mikrostrukturtechnik
am Karlsruher Institut für Technologie (KIT)

ISSN 1869-5183

Band 7   Friederike J. Gruhl
          Oberflächenmodifikation von Surface Acoustic Wave (SAW)
          Biosensoren für biomedizinische Anwendungen. 2010
          ISBN 978-3-86644-543-7

Band 8   Laura Zimmermann
          Dreidimensional nanostrukturierte und superhydrophobe
          mikrofluidische Systeme zur Tröpfchengenerierung und
          -handhabung. 2011
          ISBN 978-3-86644-634-2

Band 9   Martina Reinhardt
          Funktionalisierte, polymere Mikrostrukturen für die
          dreidimensionale Zellkultur. 2011
          ISBN 978-3-86644-616-8

Band 10   Mauno Schelb
          Integrierte Sensoren mit photonischen Kristallen auf
          Polymerbasis. 2012
          ISBN 978-3-86644-813-1

Band 11   Daniel Auernhammer
          Integrierte Lagesensorik für ein adaptives mikrooptisches
          Ablenksystem. 2012
          ISBN 978-3-86644-829-2

Band 12   Nils Z. Danckwardt
          Pumpfreier Magnetpartikeltransport in einem Mikroreaktions-
          system: Konzeption, Simulation und Machbarkeitsnachweis. 2012
          ISBN 978-3-86644-846-9

Band 13   Alexander Kolew
          Heißprägen von Verbundfolien für mikrofluidische
          Anwendungen. 2012
          ISBN 978-3-86644-888-9

Schriften des Instituts für Mikrostrukturtechnik
am Karlsruher Institut für Technologie (KIT)

ISSN 1869-5183

Schriften des Instituts für Mikrostrukturtechnik
am Karlsruher Institut für Technologie (KIT)

ISSN 1869-5183

Band 21   Srinivasa Reddy Yeduru
          Development of Microactuators Based on
          the Magnetic Shape Memory Effect. 2013
          ISBN 978-3-7315-0125-1

Band 22   Michael Röhrig
          Fabrication and Analysis of Bio-Inspired Smart Surfaces. 2014
          ISBN 978-3-7315-0163-3

Band 23   Taleieh Rajabi
          Entwicklung eines mikrofluidischen Zweikammer-
          Chipsystems mit integrierter Sensorik für die Anwendung
          in der Tumorforschung. 2014
          ISBN 978-3-7315-0220-3

Band 24   Frieder Märkle
          Laserbasierte Verfahren zur Herstellung hochdichter
          Peptidarrays. 2014
          ISBN 978-3-7315-0222-7